BIANDIANZHAN YUNWEI GUANLI PEIXUN JIAOCAI

变电站运维管理

培训教材

国网浙江省电力有限公司绍兴供电公司 组编

中国电力出版社

CHINA ELECTRIC POWER PRESS

内 容 提 要

　　本书结合变电站运维管理实际，将变电站运维管理岗位职责要求、管理人员实际需求以及变电运维专业发展动态等内容进行整合提炼，全书共 11 章，简明扼要、深入浅出地阐述了变电运维基础知识、变电一次设备管理、变电二次设备管理、智能变电站管理、变电辅助设备管理、变电倒闸操作及事故紧急处理、变电带电检测技术管理、变电运维专项工作管理、变电设备主人制管理、变电物联网技术管理、变电信息安全管理。

　　本书避免了变电运维专业书籍单纯介绍技术原理、技能要点等做法，而是从管理人员角度入手，讲解了技术管理的要点和方法要求。本书可供发电厂、变电站、集控中心工厂企业从事变电运维的工作人员使用，也可作为变电运维专业技能鉴定培训参考用书。

图书在版编目（CIP）数据

变电站运维管理培训教材 / 国网浙江省电力有限公司绍兴供电公司组编 . —北京：中国电力出版社，2021.3

　ISBN 978-7-5198-5280-1

　Ⅰ . ①变…　Ⅱ . ①国…　Ⅲ . ①变电所－电力系统运行－技术培训－教材　Ⅳ . ① TM63

　中国版本图书馆 CIP 数据核字（2021）第 018929 号

出版发行：中国电力出版社
地　　址：北京市东城区北京站西街 19 号（邮政编码 100005）
网　　址：http://www.cepp.sgcc.com.cn
责任编辑：崔素媛（010-63412392）　代　旭
责任校对：黄　蓓　马　宁
装帧设计：郝晓燕
责任印制：杨晓东

印　　刷：北京天宇星印刷厂
版　　次：2021 年 3 月第一版
印　　次：2021 年 3 月北京第一次印刷
开　　本：787 毫米 ×1092 毫米　16 开本
印　　张：13
字　　数：248 千字
定　　价：45.00 元

编　委　会

主　任　魏伟明　姚建立

副主任　茹惠东　朱　玛　商　钰　许海峰

委　员　林祖荣　王军慧　邱建锋　姚建生　周　欣

编　写　组

主　编　章陈立　金　路

副主编　袁　红　徐程刚　何　辉　任　佳

参　编　刘　学　沈　达　王　雷　陈　德　朱文灿

　　　　钱祥威　黄　骅　吕　胜　劳凯峰　张　炜

　　　　袁卓妮　潘利江　章文涛　楚云江　麻永琦

　　　　温朝阳　余新生　李俊华　陈魁荣

前　言

随着特高压电网在全国范围内大规模建设完成，特高压变电站以及与之配套辐射供电的 500、220kV 等变电站同步投运，变电运维工作对精益化、高效化的需求比历史上任何时期都来得强烈。智能变电站、顺控操作、智能巡检机器人、无人机、电力物联网等智能运检新设备和新技术的建设应用对变电站运维管理人员、变电值班员均提出了更高的技术管理和运维使用要求。因此，为了进一步理清当前变电站运维管理对传统运维工作、运维一体化、设备主人制实施、智能运检设备管理等相关要求，提升变电运维人员的技术管理能力和运维精益化水平，特组织相关专家编写了本书，以便变电站运维管理人员和变电站值班员在今后工作中参考使用。

本书共分 11 章。

第 1 章为变电运维基础知识，介绍变电站常用仪器、仪表，安全工器具管理要求及电气主接线分类。

第 2 章为变电一次设备管理，介绍了一次主设备的基本情况、运维要求及异常处理注意事项，包括变压器、高压断路器、组合电器、高压隔离开关、电压互感器、电流互感器等。

第 3 章为变电二次设备管理，介绍了二次设备的基本情况、运维要求及异常处理注意事项，包括变压器保护、母线保护、线路保护、电容器保护等。

第 4 章为智能变电站管理，介绍了智能一次设备、智能组件及监控系统的基本情况、运维要求及异常处理注意事项。

第 5 章为变电辅助设备管理，介绍了变电站消防系统、安防系统、视频监控系统、防汛系统、智能巡检机器人系统等的运行规定、运维要求及异常处理注意事项。

第 6 章为变电倒闸操作及事故紧急处理，介绍了倒闸操作基本概念及操作原则、事故处理基本原则及步骤。

第 7 章为变电带电检测技术管理，介绍了红外热像检测、超声波局部放电检测等检测技术的检测、数据分析与处理方法。

第 8 章为变电运维专项工作管理，介绍了防高温、防汛抗台、防冰冻雨雪、防鸟害等运维专项管理要求。

第 9 章为变电设备主人制管理，介绍了设备主人对设备全寿命周期管理各个环节的管理要求。

第 10 章为变电物联网技术管理，介绍了变电站智能巡检机器人系统、变电站辅助控制系统、变电站视频监控系统的管理要求。

第 11 章为变电信息安全管理，介绍了变电站设备网络、办公网络及日常作业中的信息安全要求。

本书作者为变电运维专业一线岗位的资深技术管理人员以及多年担任变电运维技能竞赛的教练人员，理论知识扎实、技术功底过硬、管理经验丰富。本书力求简洁明了，经过近一年多的讨论编写、修改完善，系统、完整地介绍了变电站运维管理岗位所需的知识点、技能点以及相关规范要求。

本书在编写过程中得到公司领导的全力支持和系统内专家的精心指导，在此表示衷心感谢。由于时间仓促、水平有限，书中难免存在疏漏和不足之处，敬请广大读者批评指正。

编　者

2020 年 11 月

目 录

第1章 变电运维基础知识

1.1 变电站电气主接线介绍

变电站电气主接线包括高压侧、中压侧、低压侧以及变压器的接线。由于各侧所接的系统情况不同，进出线回路数不同，其接线方式也不同。

1.1.1 单母线接线

单母线接线，如图 1-1 所示。

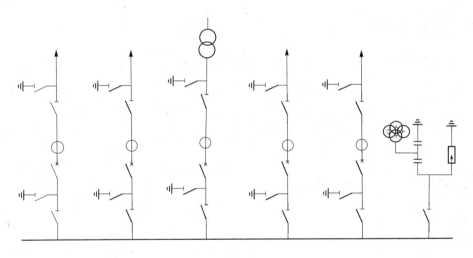

图 1-1　单母线接线

单母线接线的特点是设一条汇流母线，电源线和负荷线各通过一台断路器连接在母线上。它是有母线主接线中最简单的一种。其优点是接线简单清晰、采用设备少、造价低、操作方便、容易扩建。缺点是可靠性不高，当任一连接元件故障，断路器拒动或母线故障，都将造成整个配电装置全停；母线或母线隔离开关检修，也将造成整个配电装置全停。

1.1.2 单母线分段接线

单母线分段接线是为了消除单母线接线的缺点而产生的一种接线，如图 1-2 所示。

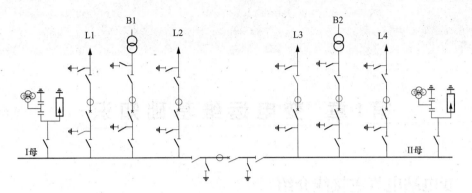

图 1-2　单母线分段接线

单母线分段接线用断路器（或隔离开关）将母线分段，分段后的母线和母线隔离开关可分段轮流检修。对重要用户，可从不同母线段接出双回路供电。当一段母线发生故障或当任一连接元件故障、同时断路器拒动时，由保护动作跳开分段断路器，将故障限制在故障母线范围内，非故障母线继续运行，整个配电装置不会全停，也能保证对重要用户的供电。

1.1.3　双母线接线

双母线接线是针对单母线接线和单母线分段接线的缺点而发展出的一种接线方式。这种接线中每个元件通过一台断路器和两组隔离开关分别连接到两组（一次与二次）母线上，两组母线间通过母线联络断路器（母联断路器）连接，如图 1-3 所示。

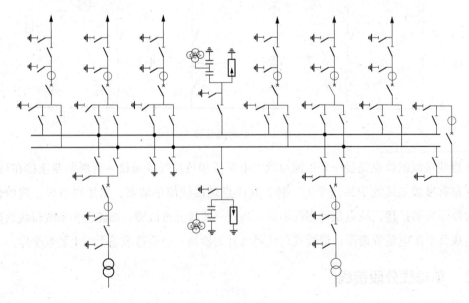

图 1-3　双母线接线

双母线接线与单母线接线相比，具有较高的可靠性和灵活性，主要体现在以下几点：

（1）线路故障、断路器拒动或母线故障时，只停一组母线及所连接的元件。将非永久性故障元件切换到无故障母线（倒母线操作）运行，即可迅速恢复供电。

（2）检修任何元件的母线隔离开关，只需停电该元件和一组母线，元件切换到另一组母线，不影响元件的供电。

（3）可在任何元件不停电的情况下轮流检修母线，只需将要检修的母线上全部元件切换到另一组母线即可。

（4）断路器不能操作时，可用母联断路器代替操作，减少停电范围。

（5）运行和调度灵活。根据系统运行的需要，各元件可灵活地连接到任一母线上，实现系统的合理接线。

（6）扩建方便。一般情况下，双母线接线配电装置在一期工程中就将母线构架一次性建成，后期扩建间隔的母线也已安装好。在扩建新间隔施工时，对原有设备没有影响。

双母线接线与单母线接线相比有如下缺点：

（1）增加了一组母线和相应元件的母线隔离开关，增加了设备及相应的构支架，加大了配电装置的占地面积和工程投资。

（2）当母线或母线隔离开关故障检修时，倒闸操作复杂，容易发生误操作。

（3）隔离开关操作闭锁接线复杂。

（4）保护和测量装置的电压取自母线电压互感器的二次侧，当一次元件倒换工作母线时，电压回路也需切换，因此电压回路接线复杂。

（5）母线联络断路器故障，整个配电装置将全停。

1.1.4 双母线双分段接线

当配电装置的进、出线回路数较多时，为增加可靠性和运行上的灵活性，可在双母线中的一组或二组母线加装分段断路器，形成双母线单分段接线或双母线双分段接线。如图 1-4 所示为双母线双分段接线。

双母线双分段接线克服了双母线接线存在全停可能性的缺点，缩小了故障停电范围，提高了接线的可靠性，可以做到在任何双重故障情况下都不会造成配电装置全停。

1.1.5 二分之三断路器接线

二分之三断路器接线（即 3/2 断路器接线），也叫一个半断路器接线，如图 1-5 所示。该接线中有两组主母线，两组主母线之间串接三台断路器，组成一个完整串，每串中两台断路器之间接出一回线路或一台变压器（通称为一个元件），每个元件占有一个半断路器，这种接线由此而得名。两组母线间有三台断路器、两个元件的串通常称为完整串，只有两台断路器、一个元件的串称为不完整串。

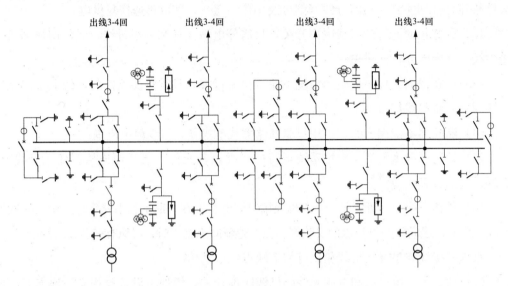

图 1-4　双母线双分段接线

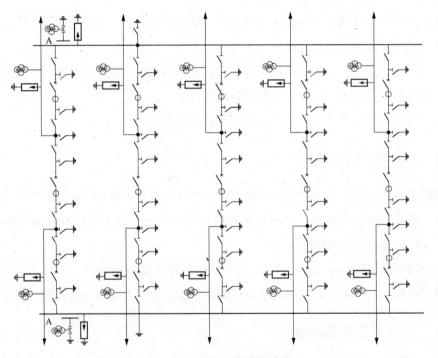

图 1-5　二分之三断路器接线

二分之三断路器接线具有如下优点：

（1）运行灵活可靠，正常运行时成环形供电，任一组母线发生短路故障，均不影响各元件工作。

（2）操作方便，隔离开关只起隔离作用，避免用隔离开关进行倒闸操作。任一台断路器或母线检修，只需拉开对应断路器及两侧隔离开关，其他元件仍可继续运行。

（3）一般情况下，一台母线侧断路器故障或拒动，只影响一个元件的正常工作。只有当联络断路器故障或拒动时，才会造成两个回路停电。

二分之三断路器接线存在的缺点是使用设备较多，特别是断路器和电流互感器，投资费用大，保护接线复杂。

1.1.6　变压器—线路组（单元）接线

变压器—线路组（单元）接线是由一台变压器与一条线路构成一个接线单元，如图1-6所示。根据保护和测量需要，回路配有一组电流互感器和一组电压互感器、避雷器等。

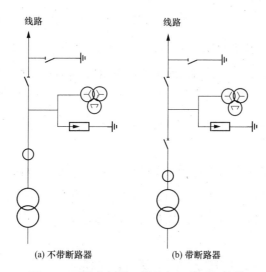

(a) 不带断路器　　　　(b) 带断路器

图1-6　两种变压器—线路组（单元）接线

常用接线方式有两种：一种是变压器低压侧没有电源，在变压器和线路间只装设一组带接地开关的隔离开关，不设断路器。另一种是在变压器和线路间除了装设一组带接地开关的隔离开关外，还装设断路器。

变压器—线路组（单元）接线是最简单的接线方式，其优点是设备最少，高压配电装置最简单，占地面积最小，本回路故障对回路没有影响。缺点是可靠性不高，线路故障或检修时，变压器停运；变压器故障或检修时，线路也停运。

1.1.7　桥式接线

在两个变压器—线路组（单元）接线之间设一台桥断路器便构成了桥式接线。桥式接线又分内桥接线、外桥接线和扩大桥接线。如图 1-7 所示分别为内桥接线和外桥接线。

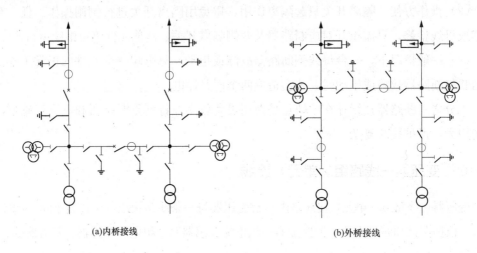

(a)内桥接线   (b)外桥接线

图 1-7　两种桥式接线

内桥接线是桥断路器接在线路断路器的内侧，其优点是线路的投入和切除操作方便，线路故障时，仅断开故障线路断路器，线路和变压器不受影响。其缺点是：桥断路器停电检修时，两回路需解列运行；变压器的投入和切除操作需要操作两台断路器，操作较复杂；当变压器故障时，两台断路器跳闸，致使一回路无故障线路停电，扩大了故障切除范围。

外桥接线是桥断路器接在线路断路器的外侧，两台断路器在变压器回路中，其接线特点与内桥接线相反。这种接线主要用于变压器投入与切除操作比较频繁、桥断路器有穿越功率通过的情况，所以外桥接线在系统中应用得很少。

1.2　常用仪器、仪表及安全工器具管理

变电运维常用仪表有万用表、绝缘电阻表、钳形电流表等，常用仪器有红外热成像仪，常用的安全工器具有绝缘杆、验电器、绝缘手套和绝缘靴（鞋）。

1.2.1　万用表的管理要求

（1）万用表要保持清洁、干燥，不要放在高温和有强磁场的地方，以免永久磁钢退磁，降低测量精度。

（2）万用表携带、使用时要轻拿轻放，避免振动，以免造成测量机构机械部分的损坏和退磁。

（3）万用表转换开关易发生接触不良，印刷电路板制成的转换开关长时间使用后，

易被磨下的金属屑短路，发现接触有问题时，可用脱脂棉蘸无水酒精清洗。

（4）运维人员应定期将万用表送具备检测资质的单位进行精度校验，并取得校验报告，万用表上应粘贴试验合格标签。

1.2.2　绝缘电阻表的管理要求

（1）绝缘电阻表的额定电压，应根据被测电气设备的额定电压来选择，在摇测前，对绝缘电阻表先做一次开路和短路检查试验。

（2）使用绝缘电阻表测量高压设备绝缘时，应由两人进行。测量用导线，应选用绝缘导线，其端部还应有绝缘套；测量绝缘电阻时，必须将被测设备从各方面断开，验明无电并确认设备上无人工作后方可进行。测量中禁止其他任何人接近设备。

（3）在测量绝缘电阻后，必须将被试设备对地放电。在有感应电压的线路上（同杆架设的双回线路或单回线路与另一线路有平行段）测量绝缘电阻时，必须将另一线路同时停电方可进行；雷电时严禁测量线路绝缘电阻。

（4）运维人员应定期将绝缘电阻表送具备检测资质的单位进行精度校验，并取得校验报告，绝缘电阻表上应粘贴试验合格标签。

1.2.3　钳形电流表的管理要求

（1）用钳形电流表测量交流电流时，应事先将表计柄擦干净；电工手部要干燥或戴绝缘手套；钳口接合要保持良好。

（2）测量时要选择合适的量程挡，以防止误用小量程挡测量大电流而损坏表计。测量过程中决不能切换电流量程挡。在读取表计读数时要注意安全，切勿触及其他带电部分。测量后最好把转换开关放在最大电流量程位置，以免下次使用时未经选择量程而造成仪表损坏。

（3）运维人员应定期将钳形电流表送具备检测资质的单位进行精度校验，并取得校验报告，钳形电流表上应粘贴试验合格标签。

1.2.4　红外热成像仪的管理要求

（1）红外热成像仪在选型时，应不受测量环境中高压电磁场的干扰，图像清晰，稳定，具有图像锁定、记录和必要的图像分析功能，需具有较高的像素，较高的测量精确度和合适的测温范围。

（2）红外热成像仪在使用时，严禁用红外成像仪测量强光源物体（如太阳、探照灯等）。检测时应注意仪器的温度测量范围，不能把摄温探头随意长时间对准温度过高的物体。检测前应检查存储卡空间足够，电池电能足够，并查阅测试仪器检定证书在有效期内。检测结束应及时将检测结果导出，关闭电源，将红外热成像仪保存在清洁、干燥的地方。

（3）运维人员应定期将红外热成像仪送具备检测资质的单位进行精度校验，并取得校验报告，红外热成像仪上应粘贴试验合格标签。

1.2.5 绝缘杆、验电器、绝缘手套和绝缘靴（鞋）的管理要求

（1）绝缘杆、验电器、绝缘手套和绝缘靴（鞋）应保存在专用安全用具柜内，安全用具柜应具备除湿干燥功能，确保安全工器具有较好的保存条件。

（2）各类安全工器具使用前，应先检查是否超过试验有效期。绝缘杆使用前要擦净表面，检查有无裂纹、机械损伤、绝缘层损坏。验电器必须使用电压和被验设备电压等级一致的合格验电器，绝缘部分无污垢、损伤、裂纹，指示氖泡无损坏、失灵，声音正常。绝缘手套和绝缘靴（鞋）使用前，应检查橡胶完好，表面无损伤、磨损或破漏、划痕。

（3）各类安全工器具需根据《国家电网公司电力安全工作规程（变电部分）》规定，按周期进行试验，绝缘杆、验电器每年试验一次，绝缘手套和绝缘靴（鞋）每半年试验一次，并取得试验报告，在安全工器具器身上应粘贴试验合格标签。

第2章 变电一次设备管理

2.1 变压器

2.1.1 概述

变压器按绕组形式可分为双绕组变压器、三绕组变压器，采用强迫油循环（导向）风冷（OFAF/ODAF）或油浸自冷/风冷（ONAN/ONAF）的冷却方式。

2.1.2 运维管理要求

1. 一般规定

（1）变压器的运行电压一般不应高于该运行分接额定电压的 105%，且不得超过系统最高运行电压。对于特殊的使用情况（例如变压器的有功功率可以在任何方向流通），允许在不超过 110% 的额定电压下运行。并联电抗器、消弧线圈等设备允许过电压运行的倍数和时间，按制造厂的规定。

（2）当变压器有较严重的缺陷（如冷却系统不正常、严重漏油、有局部过热现象，油中溶解气体分析结果异常等）或绝缘有弱点时，不宜超额定电流运行。

（3）110kV 及以上中性点有效接地系统中投运或停役变压器的操作，中性点必须先接地。投入后可按系统需要决定中性点接地是否断开。

（4）对长期存放的变压器，如超过半年，应注油保存，且定期检查密封情况和定期对油进行循环试验。

（5）停运时间超过 6 个月的变压器（电抗器）重新投运前应进行预防性试验（包括绝缘油试验），结果合格后方可投入运行。

（6）新装、大修、事故检修或换油后的变压器，在施加电压前静止时间不应少于以下规定：110kV 及以下 24h；220kV 及以下 48h；若有特殊情况不能满足上述规定，须经本单位总工程师批准。装有储油柜的变压器，带电前应排尽套管升高座、散热器及净油器等上部的残留空气。对强迫油循环风冷变压器，应开启油泵，使油循环一定时间后将气排尽。开泵时应有防止油流静电危及操作人员安全的措施。

（7）新装或变动过内外连接线的变压器，并列运行前必须核定相位。

（8）变压器、电抗器试运行时应按下列规定进行检查：

1）接于中性点接地系统的变压器，在进行冲击合闸时，其中性点必须接地。

2）变压器、电抗器第一次冲击合闸时，变压器宜由高压侧投入。

3）变压器、电抗器应进行 5 次空载全电压冲击合闸，应无异常情况；第一次受电后续时间不应少于 10min；励磁涌流不应引起保护装置的误动。

4）变压器并列前，应先核对相位。

5）带电后，检查本体及附件所有焊缝和连接面，不应有渗油现象。

（9）变压器并列运行的基本条件：

1）并列运行的每台变压器一次和二次额定电压分别相等，或每台变压器电压比相等。

2）每台变压器的联结组别必须相同。

3）每台变压器的短路阻抗百分值相近。

4）电压比不等或短路阻抗不等的变压器并列运行时，任何一台变压器除满足相关标准和制造厂规定外，其每台变压器并列运行绕组的环流也应满足制造厂的要求。

5）短路阻抗不同的变压器，可适当提高短路阻抗高的变压器的二次电压，使并列运行变压器的容量均能充分利用。

2. 变压器本体运行规定

（1）变压器的外加一次电压可以较额定值高，但一般不应超过相应电压分头额定值的 5%，且各侧电流均不得超过相应分头位置所对应的额定电流值。当一次电压达到或超过相应电压分头额定值的 5% 时，应申请调整分头或降低系统电压，并投入全部冷却装置，加强油温监视。

（2）强迫油循环风冷变压器的最高上层油温一般不得超过 85℃；油浸风冷和自冷变压器上层油温不宜经常超过 85℃，最高一般不得超过 95℃。

（3）变压器有较严重的缺陷（如冷却系统不正常、严重漏油、有局部过热现象，油中溶解气体分析结果异常等）或绝缘有弱点时，不宜超额定电流运行。

（4）运行巡视时重点检查油温、（本体、调压开关及套管）油位、油流继电器、油泵、呼吸器噪声、振动等运行状态。发现异常应认真分析、及时汇报，并采取有效的应急措施。

（5）与历史记录比较，当负荷和运行环境相近时，变压器油温和绕组温度变化不应超过 10℃；结构相同、运行环境和负荷相近的两台运行主变压器，相互之间油温及绕组温度差值不应超过 15℃。

（6）变压器在低温投运时，应防止呼吸器因结冰堵塞。

（7）散热片出现严重渗漏油或顶部出现渗漏油，应及时处理。

（8）运行中油流继电器的指针出现抖动现象，应先切换至正常的冷却器，该组切至停止位置，尽快查明原因和处理，防止脱落的挡板进入变压器本体内。

（9）安装有排油注氮消防装置的，运行中原则上设置为手动启动方式。

（10）对中性点接地方式的规定：

1）自耦变压器的中性点必须直接接地或经小电抗接地。

2）110kV 及以上中性点有效接地系统中投运或停役变压器的操作，中性点必须先接地，投入后可按系统需要决定中性点接地是否断开。

3）变压器高压侧与系统断开时，由中压侧向低压侧（或相反方向）送电，变压器高压侧的中性点必须可靠接地。

4）油纸电容式套管在最低温度下不应出现负压，应避免频繁取油样分析而造成其负压。

5）每次拆接末屏后应检查末屏接地状况。

3. 冷却装置运行规定

（1）冷却装置投入运行时应检查变压器风扇的运转情况，检查其转向是否正确，有无明显的振动和杂音，以及叶轮有无碰擦风筒现象，如有上述现象应联系检修部门进行调整。

（2）强迫油风冷装置应有两组独立工作电源，并能自动切换，并发出音响及灯光报警信号。

（3）强迫油风冷变压器的冷却装置全停时，在额定负荷下允许的运行时间为 20min，如果油面温度尚未达到 75℃时，最长运行时间不得超过 1h。

（4）强迫油风冷变压器的冷却装置全停具体投信号还是投跳闸根据定值和调控人员命令。

（5）当发现变压器温度达到整定值而"辅助"冷却器未自动投入时，应及时手动将其投入。

（6）变压器中的油因低温凝滞时，应不投冷却器空载运行，同时监测顶层油温，逐步增加负载，直至投入相应数量冷却器，转入正常运行。

（7）油浸风冷装置的投切应采用自动控制。油浸风冷变压器必须满足当上层油温达到厂家规定的风扇启动温度时或运行电流达到规定值时，自动投入风扇。当油温降低至厂家规定的备用风扇退出温度，且运行电流降到规定值时，备用风扇退出运行。

4. 压力释放器的运行规定

（1）压力释放阀的动作接点应接入信号回路。

（2）压力释放阀的阀芯、阀盖无渗漏油等异常现象。

（3）释放阀微动开关的电气性能良好，连接可靠，无误发信现象。

（4）防雨罩完好。

（5）运行中的压力释放阀动作后，应将释放阀的机械电气信号手动复位。

5. 有载分接开关的运行规定

（1）两台主变压器并列运行时，所在分接头电压应基本一致，同型号变压器的分接头挡位必须一致。

（2）调压操作必须逐挡调节，操作时注意观察电压和电流变化正常，分接头位置指示器及动作计数器的指示应有相应变动。

（3）并列运行的 220kV 变压器的有载调压操作：

1）对于设计有联调回路的有载调压操作，当变压器并列运行可采用联调方式时，应选择一台"主动"，其余"从动"。

2）有载联调的变压器检修时，应解除与运行变压器间的联调关系，在复役前恢复。

3）变压器不采用有载联调方式运行时，调压方式均选择"单独"方式。

4）变压器均为"单独"方式下进行有载调压时，必须逐一、轮流进行操作，变压器间分接头挡位差不得超过 1 挡。

5）有载开关切换时发生滑挡、超时或机构异常等情况，应按"急停"按钮或拉开电机电源，停止调压操作，汇报调控人员和上级部门，进行检查处理。

6）有载调压开关配有在线滤油装置，用于清洁并干燥有载分接开关油箱中的油。滤油装置正常运行应设为"自动"工作方式，即在有载调压开关动作时自动启动运转。为防止变压器有载调压长期不用而造成油箱底部积杂，每季度将变压器有载调压滤油装置切至手动试验滤油一次。

7）在下列情况下，禁止调压操作：①有载轻瓦斯保护动作发信时；②有载开关油箱内绝缘油劣化不符合标准；③有载开关油箱的油位异常；④变压器过负荷时，不宜进行调压操作，过负荷 1.2 倍时，禁止调压操作。

8）有载调压操作有远控（监控后台/测控屏/控制屏）、近控（总控制箱）、就地（分相机构箱）三种操作方式。正常运行应采用远控或近控操作，总控制箱和机构箱内远/近控选择开关均必须切至"远方"位置，不允许就地分相操作。就地操作，只能在异常情况或检修时采用。就地分相操作一般采用电动操作，只有在电动操作回路或电动机故障后，方可进行手动操作。

9）有载分接开关储油柜油位应低于变压器本体储油柜油位。

10）新装或吊罩后的有载调压变压器，投入电网完成冲击合闸试验后，在空载情况下，进行远方操作一个循环（如空载分接变换有困难，可在电压允许偏差范围内进行几个分接的变换操作），各项指示应正确、极限位置电气闭锁应可靠，其三相切换电压变换范围和规律与产品出厂数据相比较应无明显差别，然后调至所要求的分接位置带负荷运行，并应加强监视。

11）为防止有载调压分接开关在严重过负荷或系统短路时进行切换，有载调压分接开关控制回路中一般应加有电流闭锁装置。

12）变压器分接头调整应具有系统电压闭锁功能，当母线电压低于调控中心下达的电压曲线下限时，应闭锁接于该母线上的变压器分接头，以免电压持续降低时，变压器分接头的调整造成下级供电系统从上一级系统吸收大量无功功率，进一步造成上一级电压的下降，甚至引起系统的电压崩溃。

13）当变动分接开关操作电源后，在未确证相序是否正确前，禁止在极限位置进行电气操作。

14）分接开关检修超周期或累计分接变换次数达到厂家规定次数时，报检修部门安排维修，并对开关的切换程序与时间进行测试。

6. 无励磁分接开关的运行规定

（1）由于不同开关间的性能差别较大，运行维护、挡位调整必须严格参照说明书的要求，以防止开关切换不到位。

（2）在进行开关挡位的切换并锁紧后，必须经电压比和直流电阻测量合格后方可投入运行。

（3）无励磁调压分接开关如在某一挡位运行了较长时间，换挡运行时应先反复做全程操作，以便消除触头上的氧化膜，再切换到新的挡位，并且三相挡位必须确保一致。

（4）在无励磁调压分接开关的传动部位应涂有适量的润滑剂，防止开关长时间不操作后卡涩、生锈。

7. 变压器呼吸器的运行规定

（1）呼吸器内的硅胶宜采用同一种变色硅胶，且留有 $1/6\sim1/5$ 空间。当较多硅胶受潮变色时，需要更换硅胶。对单一颜色硅胶，受潮硅胶不超过 $2/3$。

（2）运行中应监视呼吸器的密封是否良好，当发现呼吸器内的上层硅胶先变色时，可以判定密封不好。

（3）注入呼吸器油杯的油量要适中，过少会影响净化效果，过多会造成呼吸时冒油。

8. 油色谱在线监测装置的运行规定

（1）运维单位必须将在线监测装置视为变压器的组部件之一，定期对其进行巡视、维护，并应注意变压器油温、负荷等的变化。对刚刚投入运行的在线监测装置宜增加巡视次数。

（2）装置外壳的接地、屏蔽必须可靠。运行初期应注意对装置的读数和离线取样分析数据进行比较，并及时予以校正。

（3）运维单位应做好监测数据的统计分析、运行总结工作。

（4）在线监测装置暂不能替代原有的离线取样测试，检修部门还应根据常规周期进行取样分析。当在线监测装置反映变压器色谱出现异常，应立即进行离线取样测试，并以后者为主要依据。

（5）运维人员巡视时应检查监测系统软件是否始终处于正常运行状态。当所用电切换时，应及时检查装置工作是否正常。

（6）当发生监测装置报警时，应检查网络连通、软件工作是否正常；报警值的设置是否变化。当监测装置出现故障时应组织有关人员进行现场调查，找出故障的原因，及时处理。

（7）当发现传感器与变压器本体连接部位有渗漏油、数据不显示、黑屏等情况，按设备缺陷管理流程，及时上报上级检修部门并处理。

9. 气体继电器的运行规定

（1）气体继电器应结合变压器停电进行二次回路电气绝缘试验及轻瓦斯动作准确度校验。在变压器检修时或有条件时应拆下继电器进行动作特性校验，并做好相应记录。更换或增添磁铁及干簧触点附近的零件时，应采用非导磁材料制造的零件。不应随便拆卸干簧触点，特别是根部引线不得任意弯折，以免损坏。

（2）继电器应具备防振、防雨和防潮功能。

（3）变压器在运行时，继电器应根据不同的运行、检修方式（如进行油处理时）及时调整继电器的保护方式，并尽快恢复原状。

（4）当气体继电器发信或动作跳闸时，应进行相应电气试验，并取气样进行必要的分析，综合判断变压器故障性质，决定是否投运。

（5）有载分接开关气体继电器出现积气现象时应及时检查分析。重视继电器内游离碳的积累，积累过多会出现接线端子的绝缘性能下降或接地现象，应及时清除。

10. 储油柜的运行规定

（1）在安装或检修变压器时，应按厂家提供的油位和温度曲线调整储油柜油位，不宜过高或过低，没有曲线的按现场油温调整。

（2）运行中应加强储油柜油位的监视，特别是温度或负荷异常变化时。巡视时应记录油位、温度、负荷等数据。

（3）隔膜式和胶囊式储油柜内部的隔膜与胶囊容易出现老化、开裂现象，应注意检查。

（4）隔膜式储油柜的隔膜被压在上下储油柜之间，容易出现渗漏油现象，当出现负压时，储油柜内易进入空气和水，运行时必须加强监视。

（5）铁磁油位计是显示隔膜式和胶囊式储油柜油位的主要方法，油位计靠机械转换和传动来实现，应定期检查实际油位，防止出现假油位现象。

（6）玻璃管式油位计应将小胶囊和玻璃管的气体充分排出，防止出现假油位现象。

（7）运行中应确保隔膜和胶囊与大气相连的管道畅通。

11. 端子箱、控制箱的运行规定

（1）端子箱、控制箱内装有温控器的电热装置入冬前应进行一次全面检查并投入运行。

（2）端子箱、控制箱内驱潮装置应在雨季来临之前进行一次全面检查并投入运行。

（3）控制箱内的端子应符合继电保护的要求，交、直流回路和信号端子按规定分开。

（4）变压器上的二次电缆应选用符合有关规定的屏蔽电缆。电缆的规格、绝缘及布置应满足设计和运行的要求。

（5）强迫油循环风冷变压器冷却器控制箱必须满足下列规定：

1）冷却器应采取各自独立的双电源供电，并能自动切换。当工作电源故障时，自动投入备用电源，并发出音响灯光信号。

2）冷却装置能按照变压器上层油温值或运行电流自动投切。

3）工作或辅助冷却器故障退出后，应自动投入备用冷却器。

4）冷却系统的油泵、风扇等应有过负载、短路及缺相保护。

（6）油浸风冷变压器的控制箱必须满足当上层油温达到55℃时或运行电流达到规定值时，自动投入风扇；当油温降低至45℃，且运行电流降到规定值时，风扇退出运行。

（7）变压器控制箱应符合有关防腐标准，外壳采用不锈钢，防护等级不低于IP54。

（8）变压器控制箱内必须安装温度、湿度的控制元件。

12. 排油注氮灭火装置的运行规定

（1）采用排油注氮灭火装置的变压器应采用具有联动功能的双浮球结构的气体继电器。

（2）排油注氮灭火装置应满足：

1）排油注氮启动（触发）功率应大于 220V×5A（DC）。

2）油阀动作线圈功率应大于 220V×6A（DC）。

3）注氮阀与排油阀间应设有机械联锁阀门。

4）动作逻辑关系应满足本体重瓦斯保护、主变压器断路器跳闸、油箱超压开关同时动作时才能启动排油充氮保护。

（3）变压器本体储油柜与气体继电器间应增设逆止阀，以防储油柜中的油下泄而造成火灾扩大。

（4）应结合例行试验检修，定期对排油注氮保护装置进行维护和检查，以防止误动和拒动。

13. 变压器正常过负荷运行规定

（1）变压器可以在正常过负荷和事故过负荷的情况下运行，正常过负荷可以经常使用，其允许值根据变压器的负荷曲线、冷却介质温度及过负荷前变压器所带的负荷等来确定。事故过负荷只允许在事故情况下使用。

（2）有缺陷的变压器（例如冷却系统不正常、严重漏油、有局部过热现象、色谱分析异常等）或绝缘有缺陷时，不宜过负荷运行。

（3）全天满负荷运行的变压器，不宜过负荷运行。

（4）变压器的过负荷能力应根据变压器的温升试验报告进行计算和校核。在无校核的情况下，可按 GB/T 1094.7—2008《电力变压器　第 7 部分：油浸式电力变压器负载导则》中典型图表执行。

（5）变压器的载流附件和外部回路元件应能满足超额定电流运行的要求，当任一附件和回路元件不能满足要求时，应按负荷能力最小的附件和元件限制负荷。

（6）变压器的结构件不能满足超额定电流运行的要求时，应根据具体情况确定是否限制负荷和限制的程度。

（7）油浸风冷和油浸自冷式变压器，其总过负荷值，不宜超过变压器额定容量的 30%；强迫油循环风冷式变压器，不宜超过 20%。

（8）变压器的过负荷倍数和持续时间要视变压器热特性参数、绝缘状况、冷却装置能力等因素来确定。

（9）油浸式变压器顶层油温一般不应超过表 2-1 的规定（制造厂另有规定的除外）。

当冷却介质温度较低时，顶层油温也相应降低。自然循环冷却变压器的顶层油温一般不宜经常超过 85℃。

表 2-1   油浸式变压器顶层油温一般限值

冷却方式	冷却介质最高温度（℃）	最高顶层油温（℃）
自然循环自冷、风冷	40	95
强迫油循环风冷	40	85
强迫油循环水冷	30	70

（10）油浸式变压器在不同负载状态下运行时，变压器负载电流和温度最大限值应符合表 2-2 所列数据（制造厂另有规定的除外）。

表 2-2   变压器负载电流和温度最大限值

负载类型		中型电力变压器	大型电力变压器
正常周期性负载	电流（标幺值）	1.5	1.3
	热点温度及与绝缘材料接触的金属部件的温度（℃）	140	120
长期急救周期性负载	电流（标幺值）	1.5	1.3
	热点温度及与绝缘材料接触的金属部件的温度（℃）	140	130
短期急救负载	电流（标幺值）	1.8	1.5
	热点温度及与绝缘材料接触的金属部件的温度（℃）	160	160

（11）停运时间超过 6 个月的变压器在重新投入运行前，应按 C 类检修规程要求进行有关试验。长期备用的变压器应按正常的 C 类检修周期进行试验。

（12）油浸自然循环冷却变压器事故过负荷允许运行时间参照表 2-3。

表 2-3   油浸自然循环冷却变压器事故过负荷允许运行时间参照表   （h：min）

过负荷倍数	环境温度（℃）				
	0	10	20	30	40
1.1	24：00	24：00	24：00	19：00	7：00
1.2	24：00	24：00	13：00	5：50	2：45
1.3	23：00	10：00	5：30	3：00	1：30
1.4	8：00	5：10	3：10	1：45	0：55
1.5	4：45	3：10	2：00	1：10	0：35
1.6	3：00	2：05	1：20	0：45	0：18
1.7	2：05	1：25	0：55	0：25	0：09
1.8	1：30	1：00	0：30	0：13	0：06
1.9	1：00	0：35	0：18	0：09	0：05
2.0	0：40	0：22	0：11	0：06	—

（13）油浸强迫油循环冷却变压器事故过负荷允许运行时间参照表 2-4。

表 2-4　　　　　　油浸强迫油循环冷却变压器事故过负荷允许运行时间参照　　　　（h：min）

过负荷倍数	环境温度（℃）				
	0	10	20	30	40
1.1	24：00	24：00	24：00	14：30	5：10
1.2	24：00	21：00	8：00	3：30	1：35
1.3	11：00	5：00	2：45	1：30	0：45
1.4	3：40	2：10	1：20	0：45	0：15
1.5	1：50	1：10	0：40	0：16	0：07
1.6	1：00	0：35	0：16	0：08	0：05
1.7	0：30	0：15	0：09	0：05	——

2.1.3　故障及异常处理

1. 变压器声音异常处理

（1）变压器声响明显增大且不均匀，内部有电火花、爆裂声时，应立即查明原因并将变压器停运。

（2）若变压器响声比平常增大而均匀时，应检查电网电压情况，确定是否为电网电压过高引起，如中性点不接地电网单相接地或铁磁共振等，另一种也可能是变压器过负荷、负荷变化较大（如大电机、电弧炉等）、谐波或直流偏磁作用引起。

（3）声响较大而嘈杂时，可能是变压器铁芯、夹件松动的问题，此时仪表一般正常，变压器油温与油位也无大变化。

（4）声响夹有放电的"吱吱"声时，可能是变压器器身或套管发生表面局部放电。若是套管的问题，在气候恶劣或夜间时，可见到电晕或蓝色、紫色的小火花，应联系检修部门处理。如果是器身的问题，则可能听到变压器内部由于有局部放电或电接触不良而发出的"吱吱"或"噼啪"声，应将变压器停运。

（5）声响中夹有水的沸腾声时，可能是绕组有较严重的故障或分接断路器接触不良而局部严重过热引起，应立即将变压器停运。

（6）声响中夹有爆裂声，既大又不均匀，可能是变压器的器身绝缘有击穿现象。应经调控人员许可和主管生产领导同意，立即停止变压器的运行。

（7）声响中夹有连续的、有规律的撞击或摩擦声时，可能是变压器的某些部件（如冷却器附件、风扇等）不平衡引起的振动，应联系检修部门处理。

2. 变压器油温异常升高处理

（1）检查各个温度计的工作情况，判明温度是否确实升高。

（2）检查各组冷却器工作是否正常。

（3）检查变压器的负荷情况和环境温度，并与以往相同情况做比较。

（4）若温度升高是由于表计或是远方测温回路故障，通知检修人员及时处理，加强现场温度的监视；温度升高是由于冷却器工作不正常造成，应立即采取措施降低温度或申请减负荷运行；若是散热阀门没有打开，应立即打开；若是内部故障，应立马汇报调控人员，申请将变压器退出运行，通检修人员立即处理。

（5）若远方监控显示温度较相同负载下变压器有明显降低，现场检查温度计和相同负荷及环境温度下指示温度一致，可能是远方测温回路故障，应通知检修人员及时处理，并加强对主变压器运行温度的监视。

3. 变压器油温异常降低处理

若是远方测温回路故障，通知检修人员及时处理，加强现场对温度的监视；现场检查温度计变送器电源是否失电，若空气开关跳开，现场合上变送器空气开关。

4. 变压器油位异常处理

（1）如果变压器油位高出油位计的上限，且无其他异常，查明不是假油位所致，则应由专业人员放油至当时温度相对应的高度，以免变压器油溢出。

（2）如果变压器因温度上升高出油位计上限，查明不是假油位所致，则应放油至于当时温度相对应的高度，以免变压器油溢出。

（3）若假油位所致油位高出油位计上限，应该通知检修人员处理。

（4）若变压器渗漏油造成油位下降，应立即采取措施制止漏油。若不能制止漏油，且油位计指示低于下限时，应立即将主变压器停运。

（5）若变压器无渗漏油现象，油位明显低于当时温度下应有油位时，应尽快补油。

（6）若假油位所致油位低于油位计下限，应该通知检修人员处理。

5. 变压器压力释放阀冒油或动作处理

（1）检查变压器保护动作情况、非电量气体继电器动作情况。

（2）检查是否是压力释放阀误动。

（3）若仅压力释放装置喷油但无压力释放装置动作信号，则可能是大修后变压器注油较满，或是负荷过大、温度过高，致使油面上升所致。

（4）压力释放阀冒油而变压器的气体继电器和差动保护等电气未动作时，应立即取变压器本体油样进行色谱分析，如果色谱正常，则怀疑压力释放阀动作是其他原因引起。

（5）压力释放阀冒油，且瓦斯保护动作跳闸时，在未查明原因，故障未消除前，不得将变压器投入运行。

6. 变压器轻瓦斯动作处理

（1）轻瓦斯动作发信时，应立即对变压器进行检查，查明动作原因，是否因聚集空气、油位降低、二次回路故障或是变压器内部故障造成。如气体继电器内有气体，则通知检修进行处理。

（2）新投运变压器运行一段时间后缓慢产生气体，如产生的气体不是特别多，一般将气体放空即可，有条件时可做一次气体分析。

（3）若检修部门检测气体继电器内的气体为无色、无臭且不可燃，色谱分析判断为空气，则变压器可继续运行，并及时消除进气缺陷。

（4）若检修部门检测气体是可燃的或油中溶解气体分析结果异常，应综合判断确定变压器内部故障，应申请将变压器停运。

（5）轻瓦斯动作发信后，如一时不能对气体继电器内的气体进行色谱分析，则可按下面方法鉴别：无色、不可燃的是空气；黄色、可燃的是木质故障产生的气体；淡灰色、可燃并有臭味的是纸质故障产生的气体；灰黑色、易燃的是铁质故障使绝缘油分解产生的气体。

（6）变压器发生轻瓦斯频繁动作发信时，应注意检查冷却装置油管路渗漏。

（7）如果轻瓦斯动作发信后经分析已判为变压器内部存在故障，且发信间隔时间逐次缩短，则说明故障正在发展，这时应尽快将该变压器停运。

7. 变压器冷却装置故障处理

（1）运行中的单组冷却器故障，应立即将备用冷却器投入运行，停用故障冷却器，通知检修人员处理。

（2）如一组电源消失或故障，另一组备用电源自动投入不成功，则应检查备用电源是否正常，如正常，应立即手动将备用电源开关合上。

（3）若两组电源均消失或故障，则应立即设法恢复电源供电。如站用电源屏熔断器熔断引起冷却器全停，应先检查冷却器控制箱内电源进线部分是否存在故障，及时排除故障。故障排除后，将各冷却器选择开关置于"停止"位置，再强送动力电源。若成功，再逐路恢复冷却器运行；若不成功，应仔细检查站用电源是否正常，以及站用电源至冷却器控制箱内电缆是否完好。

（4）若冷却器全停故障短时间内无法排除，应立即汇报调控人员，转移负荷或做其他处理。

8. 变压器油色谱在线测量装置异常处理

装有本体油色谱在线监测装置的变压器（包括单组分和多组分），当在线监测装置报警时，应及时查明报警的原因，排除装置误报警的可能，尽快联系检修部门取油样进行色谱分析比较，判别变压器本体是否存在缺陷。

9. 变压器过负荷异常处理

（1）记录过负荷起始时间、负荷值及当时环境温度，并将负荷情况报告调控人员。

（2）查阅相应型号变压器过负荷限制表，按表内所列数据对正常过负荷和事故过负荷的幅度和时间进行监视和控制。

（3）投入全部冷却器。

（4）对过负荷变压器增加特巡，重点检查冷却器系统运转情况及各连接点有无发热情况。

（5）严密监视过负荷主变压器的负荷及温度，当过负荷时间超过允许值时，申请停用过负荷变压器。

（6）在超额定负载运行程度较大时，尽量避免变压器调压操作。

2.2 高压断路器

2.2.1 概述

高压断路器（或称高压开关）不仅可以切断或闭合高压电路中的空载电流和负荷电流，而且当系统发生故障时通过保护装置的作用，可以切断短路电流，它具有相当完善的灭弧结构和足够的断流能力。

按其灭弧介质来划分，常见的高压断路器有真空断路器、六氟化硫断路器，按其操动机构来划分，常见有液压式、弹簧式和气动式。

2.2.2 运维管理要求

（1）断路器的遮断容量，应满足安装地点处母线最大短路电流的要求。

（2）断路器应统计故障跳闸次数。220kV 及以上断路器跳闸次数应分相统计。断路器故障跳闸故障相计为 1 次，重合不成功时按两次统计。

（3）当开断短路电流次数达到与允许开断次数仅差一次时，必须申请调控部门停用相应断路器的重合闸。

（4）断路器合闸后的检查。

1）红灯亮，机械指示应在合闸位置，综合自动化后台机和测控装置断路器指示为红色，与实际位置一致，无异常信号。

2）送电断路器在综合自动化后台机显示的电流值、功率值及相关计量表指示正确，三相电流基本平衡。

3）弹簧操动机构，在合闸后应检查弹簧是否储能。

4）液压操动机构，在合闸后应检查其压力是否正常。

（5）断路器分闸后的检查。

1）绿灯亮，机械指示应在分闸位置，综自后台机和测控装置断路器指示为绿色，与实际位置一致，无异常信号。

2）停电断路器综自后台机显示的电流值、功率值及相关计量表指示正确。

3）断路器设有"远控"和"近控"切换把手。正常运行中，应将切换把手切至"远控"位置，进行综合自动化后台机或远方遥控操作。

4）操作前应检查断路器控制回路及操动机构正常、保护装置无异常。开关合闸前，须检查继电保护已按规定投入。操作过程中应同时监视有关电压、电流、功率表计的指示及断路器变位情况。

5）断路器合闸送电时，如因保护动作跳闸，应立即停止操作并向调控人员汇报，并进行现场检查，严禁不经检查再次合闸送电。

6）旁路断路器代断路器时，在合环后应检查三相有电流且负荷分配正常后，方能拉开被代断路器。

7）长期停运的断路器在正式操作前，应通过远方遥控试操作 2～3 次，无异常后方能按操作票拟定的方式操作。

2.2.3 故障及异常处理

1. 断路器拒分、拒合

（1）将拒分断路器再分、合一次，确认操作正确。

（2）检查电气回路是否有故障，若是合闸电源消失，可试合就地控制箱内合闸电源小开关。

（3）若属于控制回路断线，同期回路断线，分、合闸绕组及分、合闸继电器烧坏，操作继电器故障等原因造成，应立即汇报调控部门，由检修人员处理。

2. 断路器 SF_6 气体压力异常

（1）运行中 SF_6 气压泄漏，发出告警信号，未降到闭锁值时，在保证安全的情况下，可以用合格的 SF_6 气体进行补气处理。

（2）运行中 SF_6 气压降到闭锁值或者直接降至零值时，应拉开断路器操作电源，立即汇报调控人员，根据调控指令将故障断路器隔离。

3. 断路器操动机构压力异常

（1）压力不能保持，油泵频繁启动。

1）若液压机构有明显漏油，则说明是机构内漏，高压油漏向低压油，严重时可以听到泄漏的声音，应申请调控人员停电处理。

2）检查液压机构没有明显漏油，压力不断降低，则判断为漏氮气，压力高则说明高压油渗入氮气中，应申请调控人员停电处理。

（2）报"打压超时"信号时，应断开仍在运行的电机电源，监视液压压力，查找故障原因。若是电动机故障，可以手动打压，然后汇报调控人员，若是管道严重漏油，应立即汇报调控人员，由检修人员处理。

（3）运行中断路器液压机构突然失压，说明液压机构存在严重漏油，同时会有分、合闸闭锁信号出现。若断路器已经处于闭锁操作状态，此时运维人员应立即断开油泵电机电源，禁止人工打压。

（4）拉开断路器操作电源，禁止操作。

1）汇报调控人员，根据调控人员指令将该断路器隔离。气动机构操作压力异常时，运维人员应用听声音的方法确定漏气部位。

2）对管道连接处漏气及工作缸活塞磨损造成的异常，应汇报调控人员，申请停电处理。

3）断路器送电操作时，合闸后如果听到压缩机有漏气声，则压缩机逆止阀被灰尘堵住的可能性较大，可申请调控人员对该断路器进行分、合操作，一般能消除这种异常现象。

（5）弹簧储能操动机构的断路器在运行中，发出"弹簧机构未储能"信号时，运维人应：

1）现场检查交流回路及电动机是否有故障，电动机有故障时，应用手动将弹簧储能。

2）交流电动机无故障而且弹簧已储能，应检查二次回路是否误发信号。

3）如果是由于弹簧有故障不能恢复时，应汇报调控人员，申请停电处理。

4．断路器偷跳

（1）若属人为误动、误碰造成，可立即合上该断路器恢复正常运行。如果有同期装置，则应投入同期装置，实现检同期合闸；若无同期装置，确认无非同期并列的可能时，方可合闸。若属于二次回路上有人工作造成的，应立即停止二次回路上的工作，恢复送电，并认真检查防误安全措施，在确认做好安全措施后，才能继续二次回路上的工作。

（2）若属于操动机构自动脱扣或机构其他异常所致，应检查保护是否动作（此时保护应无动作），重合闸是否启动。若重合闸动作成功，运维人员应做好记录，检查断路器本体及机构无异常，继续保持断路器的运行，汇报调控人员，待停电后再检查处理。若重合闸不成功，检查确认为机构故障，应立即汇报调控人员，根据调控指令将故障断路器隔离。

5．断路器非全相运行异常处理

根据断路器在运行中出现不同的非全相运行情况，分别采取如下措施：

（1）母联断路器非全相运行，应立即调整降低母联断路器电流，然后进行处理，必要时将一条母线停电。

（2）非全相运行断路器无法拉开时，应汇报调控人员，立即将该断路器的潮流降至最小，通知检修人员，尽快采取措施隔离故障断路器。

（3）断路器因本体或操动机构异常，应尽快采取措施消除异常。如闭锁跳闸无法消除时，则应隔离故障断路器。

6. 控制回路断线

监控系统及保护装置发出控制回路断线告警信号。

（1）应先检查以下内容：

1）上一级直流电源是否消失。

2）断路器控制电源空气开关有无跳闸。

3）机构箱或汇控柜"远方/就地把手"位置是否正确。

4）弹簧控制电源空气开关跳闸或上一级直流电储能机构储能是否正常。

5）液压、气动操动机构是否压力降低至闭锁值。

6）SF_6 气体压力是否降低至闭锁值。

7）分、合闸线圈是否断线、烧损。

（2）控制回路是否存在接线松动或接触不良。

1）电源跳闸，检查无明显异常，可试送一次。无法合上或再次跳开，未查明原因前不得再次送电。

2）若机构箱、汇控柜远方/就地把手位置在"就地"位置，应将其切至"远方"位置，检查告警信号是否复归。

3）若断路器 SF_6 气体压力或储能操动机构压力降低至闭锁值，弹簧机构未储能，控制回路接线松动、断线或分、合闸线圈烧损，无法及时处理时，汇报值班调控人员，按照值班调控人员指令隔离该断路器。

4）若断路器为两套控制回路时，其中一套控制回路断线时，在不影响保护可靠跳闸的情况下，该断路器可以继续运行。

2.3 组合电器

2.3.1 概述

全封闭组合电器（简称 GIS）是一种以 SF_6 气体作为绝缘和灭弧介质的封闭式成套高压电器，按照结构可分为分相组合式、母线三相共箱式和其余三相分箱式、三相共箱式。GIS 组合电器，包括断路器、隔离开关、接地开关、电压互感器、电流互感器、避雷器、母线、电缆终端或套管等，是经优化设计有机地组合成一个整体，并封闭于金属壳内，充满 SF_6 气体作为灭弧和绝缘介质的封闭组合电器。组合电器包括 GIS 和 HGIS 两种。HGIS 组合电器结构与 GIS 基本相同，但不含母线。

2.3.2 运维管理要求

（1）当操作组合电器时，严禁任何人在该设备外壳上工作，不得在防爆膜附近停留。

（2）当 GIS 组合电器内 SF_6 气体压力异常发报警信号时，应尽快处理；当气隔内的 SF_6 压力降低至闭锁值时，严禁分、合闸操作。

（3）SF_6 配电装置发生大量泄漏等紧急情况时，人员应迅速撤出现场，开启所有排风机进行排风。未佩戴防毒面具或正压式空气呼吸器人员禁止入内。只有经过充分的自然排风或强制排风，并用检漏仪测量 SF_6 气体含量合格后，人员才准进入。发生设备防爆膜破裂时，应停电处理，并用汽油或丙酮擦拭干净。

（4）禁止工作人员在 SF_6 设备防爆膜附近停留，若在巡视中发现异常情况，应立即汇报。

（5）为防止误操作，GIS 室各设备元件之间装设电气闭锁，任何人不得随意解除闭锁。

（6）正常运行时，电气联锁应投"联锁投入"位置，正常操作时不允许切至解除位置进行操作。同时联锁/解锁钥匙应存放在紧急钥匙箱内，严格按照防误闭锁解锁钥匙使用有关规定执行。

（7）GIS 组合电器正常情况下应选择"远控"操作方式，当远方电控操作失灵时，可选择就地电控操作方式（断路器除外）。

（8）对于带有气动操动机构的断路器、隔离开关和接地开关，应禁止进行手动操作，对于仅有手动机构的接地开关，允许就地手动操作。

（9）GIS 汇控柜上断路器、隔离开关及接地开关转换开关正常运行时应切至远方位置，正常操作时断路器不允许就地操作。

2.3.3 故障及异常处理

1. GIS 组合电器 SF_6 气体压力异常处理

（1）监控后台发气体压力低告警或闭锁信号，但现场检查 SF_6 气体密度表指示正常。应汇报调控中心由检修人员核查是否为后台误发信号。

（2）监控后台发出气体压力低告警或闭锁信号，现场 SF_6 气体密度表指示异常。如果 SF_6 压力还没有降到闭锁值，应汇报调控中心，由检修人员处理。

（3）如果标准表计显示 SF_6 压力确实异常，而信号回路未正常发出信号或 SF_6 密度表报警/闭锁触点未正常动作，应汇报调控中心，由检修人员进行回路核查或更换 SF_6 密度表（密度继电器），并对该气室进行 SF_6 补气。

（4）在进行补气工作后，运维人员应检查 SF_6 管道各阀门的开启和关闭情况是否与运行中一致。

2. GIS 运行中声音异常

当听到异常声音后，应立即汇报调控中心，由检修人员（高压试验人员）对 GIS 罐体进行超声波局部放电检测，根据局部放电检测结果判断是否需要进行停电处理。

3. 主回路直流电阻偏高异常

由于主回路直流电阻测量需在设备改为检修状态后方可进行，对于申请停电进行主回路直流电阻测量工作应慎重。

GIS 在安装过程中必须对导体是否插接良好进行检查，特别应对可调整的伸缩节及电缆连接处的导体连接情况进行重点检查。

2.4 高压隔离开关

2.4.1 概述

隔离开关没有专门的灭弧装置，在分闸状态有明显可见的断开点，在电路中起隔离作用。在合闸状态能可靠通过正常工作电流，并能在规定的时间内承载故障短路电流和相应电动力的冲击。高压隔离开关严禁拉合负荷电流和故障电流。

2.4.2 运维管理要求

（1）隔离开关倒闸操作的技术要求见 6.1.3 节。

（2）隔离开关电动操动机构操作电压应在额定电压的 85%～110%。

（3）对 GW6、GW16 型等隔离开关，合闸操作完毕后，应仔细检查操动机构上、下拐臂是否均已越过死点位置。

（4）对于喇叭口形静触头的隔离开关，冬季进行倒闸操作前，必须检查喇叭口内无冰冻或积雪，才允许进行合闸操作，防止顶歪或推倒支柱绝缘子，引发事故。

（5）操作带有闭锁装置的隔离开关时，应按闭锁装置的使用规定进行，不得随便动用解锁钥匙或破坏闭锁装置。

（6）隔离开关与其所配装的接地开关间应配有可靠的机械闭锁，机械闭锁应有足够的强度。

（7）同一间隔内的多台隔离开关的电机电源，在端子箱内必须分别设置独立的开断设备。

（8）隔离开关分（合）闸操作后的检查要求：①检查隔离开关三相确在分（合）闸位置，触头动作到位；②检查隔离开关操动机构位置指示确在分（合）位；③检查测控、保护、母差装置上隔离开关位置指示正确；④检查监控后台机上隔离开关确在分（合）闸位置（检查监控后台有关信号，如保护电压消失、就地操作等）。

（9）接地开关操作后的检查：①检查接地开关三相确在分（合）闸位置，动静触头动作到位；②检查监控后台接地开关确在分（合）闸位置。

2.4.3 故障及异常处理

1. 隔离开关拒分、拒合处理

（1）当隔离开关发生拒合拒分时应停止操作，首先核对所操作的对象是否正确，与之相关回路的断路器、隔离开关和接地开关的实际位置是否符合操作条件，然后再区分故障范围。在未查明原因前不得操作，严禁通过按接触器来操作隔离开关，否则可能造成设备损坏或者母线隔离开关绝缘子断裂而造成电网事故。

（2）若隔离开关拒动，运维人员应检查操作顺序是否正确，是否为防误装置（机械闭锁、电气闭锁、程序闭锁等）失灵所致。若经检查操作程序正确，拒动是由防误装置失灵造成的，运维人员应停止操作，汇报公司防误专责，执行防误解锁流程。

（3）因电气方面的故障而使隔离开关发生拒合拒分的，在排除故障后可继续操作，不能排除故障可进行手动操作，手动操作时应均衡用力轻微摇动，逐步克服阻力，观察各部件形变，逐步找出障碍的原因和克服阻力的办法，未查明原因前，不得强行操作，以免损坏隔离开关。若是机械方面的原因，运维人员无法排除，应汇报调控人员申请退出运行，并通知检修人员处理。

2. 合闸不到位或三相不同期处理

当隔离开关合闸不到位，应拉开后再次合上，必要时可用绝缘棒分别调整，但应注意相间的距离以及使用合格的安全工器具。如确实合闸不到位或三相不同期时，应立即停止操作并汇报调控人员，并通知检修人员进行处理。

3. 电动分、合闸时中途自动停止处理

隔离开关在电动分、合闸过程中停止，主要原因是机构传动、转动及隔离开关转动部分因锈蚀或卡涩、操作电源熔丝老化等情况而造成操作回路断开。运维人员可根据隔离开关的起弧情况将隔离开关尽可能恢复到操作前的运行状态，待查明原因处理好后进

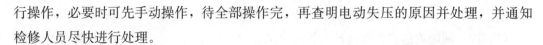

行操作，必要时可先手动操作，待全部操作完，再查明电动失压的原因并处理，并通知检修人员尽快进行处理。

4. 隔离开关发热处理

隔离开关在运行中发热，主要是负荷过重、触头接触不良、操作时没有完全合好所引起，使隔离开关导流接触部位发热。加强对发热点的红外测温，发热严重时，应及时汇报调控人员，并采取转移或减少负荷等措施。

5. 绝缘子断裂处理

（1）隔离开关支柱绝缘子有裂纹以及裙边有轻微外伤，损伤不严重，对触头没有影响，且能保持绝缘，隔离开关还可继续运行，应加强监视，可暂不停电，并立即汇报调控人员和主管领导。

（2）隔离开关支柱绝缘了有裂纹，该隔离开关禁止操作，与母线连接的隔离开关的支柱绝缘子有裂纹的应尽可能地采取母线与回路同时停电的处理方法。

6. 误拉、合隔离开关处理

（1）当误合隔离开关时，在任何情况下，不允许把已合上的隔离开关再拉开。只能用断路器将这一回路断开后，才允许将误合的隔离开关拉开。

（2）误拉隔离开关，在闸口刚脱开时，应立即合上隔离开关，避免事故扩大。如果隔离开关已全部拉开，则不允许将误拉的隔离开关再合上。

7. 传动机构失灵

应迅速将隔离开关与系统隔离，按危急缺陷上报，做好安全措施，等待处理。

8. 辅助触点异常处理

分合闸操作时，发生分合闸隔离开关三相已经到位，但辅助触点没有翻转到位的情况，相应控制回路或保护屏上会有信号发出。对于连杆转动型的隔离开关辅助触点，可采用推合连杆使之辅助触点翻转到位的方法，其他形式传动的隔离开关辅助开关辅助触点翻转不到位，可将隔离开关拉开后再进行几次分合闸，如辅助触点仍翻转不到位，应立即汇报调控中心，由检修人员处理。

运行中辅助触点位置与实际位置不一致时，不可用晃动隔离开关操动机构的方法使其接触良好，以防误带负荷拉开隔离开关事故，应立即汇报调控人员并通知检修人员处理。

9. 隔离开关操作时发"TV 失压信号"

隔离开关操作时如发现"TV 失压信号"，可能是由于母线侧隔离开关的辅助触点切换不良引起，此时可征得调控人员同意后将该隔离开关重复操作一次，若不能排除应逐个检查其母线电压切换回路是否存在其他问题。

2.5 电压互感器

2.5.1 概述

电压互感器是一种将交流电压转换成可供控制、测量、保护等使用的二次侧标准电压的变压设备。

电压互感器按绝缘方式可分为浇注式电压互感器、油浸式电压互感器和SF_6充气式电压互感器。

(1) 浇注式电压互感器结构紧凑、维护方便，可用于户内式配电装置。

(2) 油浸式电压互感器绝缘性能较好，可用于户外式配电装置。

(3) 充气式电压互感器用于SF_6全封闭电器中。

按工作原理划分，还可分为电磁式（TV）电压互感器和电容式（CVT）电压互感器。

(1) 双母主接线的母线电压互感器为三相式，主要用于线路/主变压器保护及母差保护的复压闭锁，线路有的为单相式（作为同期及线路有无压的判断），有的为三相式（此类的线路保护就不用母线电压互感器的电压而用线路电压互感器的电压）。

(2) 按绕组数目可分为双绕组电压互感器和三绕组电压互感器，三绕组电压互感器除一次侧和基本二次侧外，还有一组辅助二次侧，供接地保护用。

2.5.2 运维管理要求

(1) 电压互感器的各个二次绕组（包括备用）均必须有可靠的保护接地，且只允许有一个接地点。

(2) 电压互感器二次绕组所接负荷应在准确等级所规定的负荷范围内。

(3) 电压互感器二次侧严禁短路。

(4) 电压互感器允许在1.2倍额定电压下连续运行；中性点有效接地系统中的互感器，允许在1.5倍额定电压下运行30s；中性点非有效接地系统中的电压互感器，在系统无自动切除对地故障保护时，允许在1.9倍额定电压下运行8h。

(5) 电容式电压互感器运行中如发生电容分压器单元损坏，更换时应注意重新调整互感器误差；互感器的外接阻尼器必须接入，否则不得投入运行。

(6) 油浸式电压互感器严重漏油及电容式电压互感器电容单元渗漏油的应立即停止运行。

(7) 当电压互感器出现异常响声时应退出运行。

(8) 电压互感器一般操作规定：

1）停用前先退出因失压而可能误动的保护和自动装置［距离保护、高频保护、低电压保护、母差保护（视情况而定）等］。

2）当电压互感器停电检修时，应将二次熔丝取下或断开其二次快分开关，防止反充电。

3）电压互感器投退顺序：退出时先退出二次熔丝或快分开关，后拉一次侧隔离开关，投入时顺序相反。

4）拉合电压互感器一次侧隔离开关后，应检查重动继电器是否励磁或失磁。

5）投入电压互感器二次熔丝或快分开关后，应检查电压表计指示正确。

2.5.3　故障及异常处理

在未找出故障原因之前，不能将二次负荷切至运行正常的电压互感器回路上，禁止电压互感器二次并列。

1. 电压互感器故障异常一般规定

电压互感器有下列情况之一者，应立即停用：

（1）内部有异音或放电声。

（2）瓷套管破裂放电严重。

（3）电压互感器有严重放电，已威胁安全运行时。

（4）经红外测温检查发现内部有过热现象。

（5）严重漏油，致使油标中看不到油位。

（6）电压互感器内部有异常响声、异味、冒烟或着火。

（7）电压互感器高压熔丝连续熔断两次。

（8）SF_6 气体压力表指针在红色区域。

（9）金属膨胀器异常膨胀变形。

（10）压力释放装置（防爆片）已冲破。

（11）树脂浇注互感器出现表面严重裂纹、放电。

2. 电压互感器电压异常

（1）电压互感器一相电压降低或为零，另两相电压不变，可判断为二次熔丝熔断或快分跳开、二次连接不良造成。运维人员应立即汇报调控人员，并设法恢复（电压互感器空气开关跳开，可试合一次）；如无法恢复，应立即联系检修人员检查处理。

（2）电压互感器一相电压降低或为零，另两相电压升高或升高为线电压，此现象为中性点不接地系统中单相接地故障的表现，运维人员应立即检查现场有无接地、电压互感器有无异常声响，并立即汇报调控人员，并采取措施将其消除或隔离故障点。

（3）倒闸操作中出现电压切换不到位，运维人员应立即停止操作，检查隔离开关辅助触点切换是否到位，若隔离开关辅助触点切换不到位，可在现场处理隔离开关限位触点；若隔离开关本身辅助触点行程有问题，应联系检修人员对辅助触点进行调整或更换。

（4）电压互感器电压异常升高情况下，运维人员应到电压互感器处检查有无异常声响并到端子箱处量取相应故障电压互感器二次电压，结合现场情况可判断为电压互感器内部故障或二次接线盒故障的，应立即汇报调控人员，将电压互感器退出运行，并联系检修人员检查处理。

（5）运行中，电压互感器异常波动，运维人员应立即到现场检查，排除异常现象是否由于二次回路故障造成，若为二次回路故障，应采取措施消除，若无法消除，应汇报调控人员，将电压互感器退出运行，并联系检修人员检查处理。

（6）对断路器断口电容的空母线进行操作造成的铁磁谐振，操作前应有防谐振预想，准备好消除谐振的措施。操作过程中，如发生电压互感器谐振，应采取措施破坏谐振条件以达到消除谐振的目的。

3．电压互感器本体或引线端子发热

（1）电压互感器本体发热整体温升偏高，且中上部温差大，或三相之间温差超过 2～3K，属于危急缺陷，应该汇报调控人员，申请将电压互感器退出运行，并通知检修人员检查处理。

（2）电压互感器引线端子轻微发热，应加强监视，使用红外热像仪跟踪测试。

（3）电压互感器引线端子严重过热，应汇报调控人员，将电压互感器退出运行，并通知检修人员检查处理。

4．电压互感器声音异常

电压互感器内部有异音或放电声，属于严重故障，应立即汇报调控人员，将电压互感器停运，并联系检修人员检查处理。

5．电压互感器油位异常降低（漏油）

（1）电压互感器本体轻微漏油，并且油位正常，运维人员应进行重点巡视并加强监视。

（2）电压互感器本体漏油严重，油位低于下限，但不需立即停电检修的，应增加巡视次数、加强监视并告知监控中心人员加强对异常设备的监盘，并登记缺陷。

（3）电压互感器本体严重漏油，影响设备正常运行的，应汇报调控人员，申请停电处理。

2.6 电流互感器

2.6.1 概述

电流互感器的作用是可以把数值较大的一次电流通过一定的变比转换为数值较小的

二次电流，用来进行保护、测量等用途。

（1）按照用途不同，电流互感器大致可分为两类：测量用电流互感器（或电流互感器的测量绕组）是在正常工作电流范围内，向测量、计量等装置提供电网的电流信息，测量用电流互感器的精度等级 0.2/0.5/1/3，1 表示变比误差不超过 ±1%，另外还有 0.2S 和 0.5S 级。保护用电流互感器（或电流互感器的保护绕组）是在电网故障状态下，向继电保护等装置提供电网故障电流信息，保护用电流互感器的精度等级 5P/10P、TPY，10P 表示复合误差不超过 10%。

（2）按绝缘介质可分为干式电流互感器、浇注式电流互感器、油浸式电流互感器、SF_6 气体绝缘电流互感器。

（3）按安装方式可分为贯穿式电流互感器、支柱式电流互感器、套管式电流互感器、母线式电流互感器。

（4）按原理可分为电磁式电流互感器和电子式电流互感器。

2.6.2　运维管理要求

（1）电流互感器二次侧严禁开路（严禁用熔丝短接电流互感器二次回路），不得过负荷运行。

（2）运行中的电流互感器二次侧只允许有一个接地点，一般在保护屏上。备用的二次绕组也应短接接地。

（3）电流互感器允许在设备最高电流下和额定连续热电流下长期运行。

（4）加强电流互感器末屏接地检测、检修及运行维护管理。对结构不合理、截面积偏小、强度不够的末屏应进行改造；检修结束后应检查确认末屏接地是否良好。

（5）三相电流互感器一相在运行中损坏，更换时要选用电流等级、电流比、二次绕组、二次额定输出、准确级、准确限值系数等技术参数相同，保护绕组伏安特性无明显差别的互感器，并进行试验合格，以满足运行要求。

（6）66kV 及以上电磁式油浸电流互感器应装设膨胀器或隔膜密封，应有便于观察的油位或油温压力指示器，并有最低和最高限值标志。运行中全密封电流互感器应保持微正压，充氮密封互感器的压力应正常。互感器应标明绝缘油牌号。

（7）SF_6 电流互感器运行中应巡视检查气体密度表工况，产品年漏气率应小于 1%。

（8）SF_6 电流互感器若压力表偏出绿色正常压力区时，应引起注意，并及时按制造厂要求停电补充合格的 SF_6 新气，控制补气速度约为 0.1MPa/h。一般应停电补气，个别特殊情况需带电补气时，应在厂家指导下进行。

（9）SF₆ 电流互感器要特别注意充气管路的除潮干燥，以防充气 24h 后检测到的气体含水量超标。

（10）SF₆ 电流互感器如气体压力接近闭锁压力，则应停止运行，着重检查防爆片是否微裂泄漏，并通知制造厂及时处理。

（11）SF₆ 电流互感器补气较多时（表压力小于 0.2MPa），应进行工频耐压试验（试验电压为出厂试验值的 80%～90%）。

（12）SF₆ 电流互感器运行中应监测 SF₆ 气体含水量不超过 $300\mu L/L$，若超标时应尽快退出，并通知厂家处理。充分发挥 SF₆ 气体质量监督管理中心的作用，应做好新气管理、运行及设备的气体监测和异常情况分析，监测应包括 SF₆ 压力表和密度继电器的定期校验。

（13）电流互感器的一次端子所受的机械力不应超过制造厂规定的允许值，其电气连接应接触良好，防止产生过热故障及电位悬浮。互感器的二次引线端子应有防转动措施，防止外部操作造成内部引线扭断。

（14）在交接试验时，对 110（66）kV 及以上电压等级的油浸式电流互感器，应逐台进行交流耐受电压试验，交流耐压试验前后应进行油中溶解气体分析。油浸式设备在交流耐压试验前要保证静置时间，110（66）kV 设备静置时间不小于 24h，220kV 设备静置时间不小于 48h，330kV 和 500kV 设备静置时间不小于 72h。

（15）对新投运的 220kV 电压等级电流互感器，1～2 年内应取油样进行油色谱、微水分析。对于厂家明确要求不取油样的产品，确需取样或补油时应由制造厂配合进行。

（16）对硅橡胶套管和加装硅橡胶伞裙的瓷套，应经常检查硅橡胶表面有无放电现象，如果有放电现象应及时处理。

（17）设备故障跳闸后，应进行 SF₆ 气体分解产物检测，以确定内部有无放电，避免带故障强送再次放电。

（18）停运中的电流互感器投入运行后，应立即检查表计指示情况和互感器本身有无异音等异常现象。

2.6.3　故障及异常处理

1. 电流互感器应立即申请停电处理的情况

（1）内部有严重放电声和异常声响。

（2）电流互感器爆炸、着火。

（3）金属膨胀器异常膨胀变形。

（4）当电流互感器漏气较严重而一时无法进行补气时或 SF_6 气体压力为零。

（5）设备的油化验或 SF_6 气体试验时主要指标超过规定不能继续运行。

（6）瓷套出现裂纹或破损。

（7）树脂浇注电流互感器出现表面严重裂纹、放电。

（8）经红外测温检查发现内部有过热现象。

2. 电流互感器二次回路开路

电流互感器二次回路开路处理。

（1）立即汇报调控人员，将可能造成误动的保护停用并尽量减小一次负荷电流。

（2）若开路处明显，应立即设法将开路处进行连通或在开路前端子处做短接处理，短接时不许使用熔丝；当无法进行短接时，则应汇报调控人员，申请停电处理，为保证人身安全，最好的方法是停电处理。

（3）若开路处不明显，可根据下列顺序查找：根据图纸分别检查故障保护柜（测控柜、计量柜）及端子箱有无开路，通过表面检查不能发现时，可以分别测量电流二次回路开路相对地电压，判断开路在什么位置后进行检查。当判断是电流互感器二次出线端开路，不能进行短路处理时，应汇报调控人员，申请停电处理。

（4）由于电流互感器二次回路开路处会产生较高电压，危及设备及人身安全，因此进行电流互感器二次回路开路异常检查处理时，应首先做好安全防护措施并时刻注意安全，应穿绝缘靴，戴绝缘手套，使用绝缘良好的工具。如果对电流互感器二次开路的处理，不能保证人身安全，应立即报告调控人员，请求尽快停电处理。

3. 电流互感器末屏开路现象及处理

电流互感器末屏开路或接地不良，送电后的电流互感器将会出现异常声响，开路处有放电火花，此时对末屏开路的处理若不能保证人身安全，应立即汇报调控人员，申请停电处理。

4. 电流互感器声音异常处理

（1）电压互感器内部有异常声响，应该先判断异常是否为二次回路开路造成，属于二次回路开路的应按照二次回路开路进行处理。

（2）若判断不属于二次回路开路故障，而是本体故障且异常声响较大的，应汇报调控人员，立即将电流互感器停运，并联系检修人员检查处理；若异常声音较轻，不需立即停电检修的，应加强监视，同时汇报调控人员及上级领导，安排停电处理。

5. 电流互感器油位异常升高处理

（1）电流互感器油位异常升高，超过上限，但不需立即停电检修的，应增加巡视次数、加强监视并告知监控中心人员加强对异常设备的监视并登记缺陷。

（2）电流互感器油位过高导致膨胀器冲顶，属于危急缺陷，应汇报调控人员，申请停电处理。

（3）电流互感器油位过高且声音异常可判断为内部故障的，应汇报调控人员，立即将电流互感器停运，通知检修人员检查处理。

6. 电流互感器油位异常降低（漏油）处理

（1）电流互感器本体轻微漏油，并且油位正常，运维人员应进行重点巡视并加强监视。

（2）电流互感器本体漏油严重，油位低于下限，但不需立即停电检修的，应增加巡视次数、加强监视并告知监控中心人员加强对异常设备的监盘，并登记缺陷。

（3）电流互感器本体严重漏油，影响设备正常运行的，应汇报调控人员，申请停电处理。

7. 电流互感器 SF_6 压力低的处理

（1）电流互感器出现 SF_6 压力低信号，应先检查电流互感器本体 SF_6 表计是否确实压力值降低到报警值，若为误报警，应查明原因并消除，无法处理的应联系检修人员处理。

（2）若电流互感器确实 SF_6 压力异常，应立即联系检修人员进行补气处理。

（3）电流互感器因漏气较严重一时无法进行补气或 SF_6 压力为零时，应汇报调控人员，将电流互感器停运。

8. 本体或引线端子严重过热

电流互感器本体或引线端子有严重过热，应汇报调控人员，立即将电流互感器退出运行，通知检修人员立即进行处理。若仅是连接部位接触不良，未伤及固体绝缘的，应加强监视，按缺陷处理流程进行，通知检修人员立即进行处理。

2.7　电抗器

2.7.1　概述

220kV 主变压器低压侧配置有低压电抗器的为系统提供感性无功功率，调节系统电压。按结构与接法可分为并联电抗器和串联电抗器，按功能可分为限流电抗器和补偿电抗器。

2.7.2　运维管理要求

（1）干式电抗器噪声、振动无异常。

（2）干式电抗器温度无异常变化。

（3）各组并联电抗器及断路器轮换投退，延长使用寿命。

（4）对于干式电抗器及其电气连接部分红外测温发现有异常过热，应申请停运处理。

（5）发现包封表面有放电痕迹或油漆脱落，以及流（滴）胶、裂纹现象，应及时处理。

（6）定期检查防雨罩是否安装牢固、有无破损，观察包封表面憎水性能是否劣化。

（7）干式电抗器的投切按调控人员下达的电压曲线或调控人员指令进行。

（8）有人值班变电站：运维人员投切干式电抗器后，应检查表计（如电流表、无功功率表）指示正常，还应到现场检查干式电抗器和断路器等设备情况。

（9）无人值班变电站：监控人员投切干式电抗器后，应检查监控系统中干式电抗器的潮流指示正常，相关设备潮流及系统电压是否正常。

（10）安装干式空芯电抗器时，不应采用叠装结构，避免电抗器单相事故发展为相间事故。

（11）干式空芯电抗器应安装在电容器组首端，在系统短路电流大的安装点应校核其动稳定性。放电线圈首末端必须与电容器首末端相连接。

（12）油浸式低压电抗器的最高运行电压、过电压倍数及允许运行时间应按照厂家说明书执行。

（13）油浸式低压电抗器运行时的温升监视，线圈热点温升应不超过 60℃，上层油温升应不超过 55℃，油温最高不超过 95℃（在环境温度 40℃）。制造厂家有规定的参照厂家说明书执行。

（14）油浸式低压电抗器正常运行及充电状态时，重瓦斯保护应接跳闸。当差动保护停用时，不得将重瓦斯保护改接信号。

2.7.3　故障及异常处理

1. 运行中电抗器应立即停用的情况

（1）引线桩头严重发热。

（2）低压电抗器着火。

（3）内部有严重异声。

（4）油浸式电抗器：

1）严重漏油，储油柜无油面指示。

2）压力释放装置动作喷油或冒烟。

3）套管有严重的破损漏油和放电现象。

4）在正常电压条件下，油温、线温超过限值且继续上升。

5）过电压运行时间超过规定。

（5）干式电抗器：

1）局部严重发热。

2）支持绝缘子有破损裂纹、放电。

3）干式电抗器出现沿面放电。

4）干式电抗器出现突发性声音异常或振动。

2. 电抗器断路器跳闸后处理

（1）汇报调控人员电抗器断路器跳闸或接收调控中心跳闸通知。

（2）现场查看监控后台以及保护动作情况进行分析，检查断路器、电流互感器、并联避雷器、低压电抗器有无动作及异常等，找出故障点。

（3）若发现故障点，应立即汇报调控人员，将故障隔离，通知检修人员处理；若无以上情况，电抗器断路器跳闸是由外部母线电压波动所致，可恢复送电。

（4）因主变压器低压侧断路器跳闸使母线失压后，应手动拉开各组并联低压电抗器。正常操作中不得用主变压器低压侧断路器对并联电抗器进行投切。

（5）低压电抗器因保护跳闸停运，在没有查明跳闸原因之前，不得强送电。

3. 干式电抗器常见异常及处理

（1）干式电抗器表面涂层出现裂纹时，应密切注意其发展情况，一旦裂纹较多或有明显扩展趋势的，必要时停运处理。

（2）干式电抗器支持绝缘子倾斜变形或位移、绝缘子裂纹、撑条松动或脱落，如影响设备正常运行，应汇报调控人员，及时停运处理。

（3）干式电抗器出现接地体、围网、围栏发热，可采取措施破坏发热金属闭环回路，消除发热现象。

（4）干式电抗器本体及引线出现异常发热时，应加强监视；若出现冒烟、起火、沿面放电等情况，应立即将电抗器退出运行。

2.8 电力电容器

2.8.1 概述

电容器组提供容性无功功率，调节系统电压。电容器一般为双星形接线形式，并配置有放电线圈，电容器停役时自动进行放电。

2.8.2 运维管理要求

（1）电力电容器组的断路器第一次合闸不成功，必须待 5min 后再进行第二次合闸，事故处理也不得例外。

（2）电力电容器允许在不超过额定电流的 30％运行工况下长期运行。三相不平衡电流不应超过±5％。

（3）电容器熔断器熔丝的额定电流不小于电容器额定电流的 1.43 倍。

（4）电容器组过电压保护用金属氧化物避雷器接线方式应采用星形接线，中性点直接接地方式。

（5）电容器组不平衡电流应进行实测，且测量值应不大于电容器组不平衡电流告警定值的 20％。

（6）及时更换已锈蚀、松弛的外熔断器，避免因外熔断器开断性能变差而复燃导致扩大事故。

（7）外熔断器应无锈蚀、松弛。户外熔断器适用年限不超过 5 年。

（8）据母线电压水平自行操作。电容器投切应与主变压器有载调压开关配合使用。操作原则为：当电压过低时，应先投入电容器，后调节主变压器分接头，当电压过高时，应注意调节主变压器分接头再切除电容器。母线停电时应先切除电容器，再停各馈线。送电时则先将各馈线投入运行，再根据电压情况或无功情况来决定是否投入电容器。

2.8.3　故障及异常处理

1. 运行中的电力电容器应立即停电的情况

（1）电容器、放电线圈有严重异声。

（2）电容器、放电线圈严重漏油。

（3）电容器、引线接头等严重发热或电容器外壳示温蜡片熔化。

（4）电容器外壳明显膨胀变形。

（5）瓷套有严重的破损和放电。

（6）电容器的配套设备明显损坏，危及安全运行者。

（7）母线电压超过电容器额定电压的 1.1 倍，电流超过额定电流的 1.3 倍，三相电流不平衡超过 5％时。

（8）成套式电容器压力释放阀动作。

（9）电容器发生爆炸或起火。

2. 电容器开关跳闸后处理

（1）电容器开关跳闸处理基本规定。

1）电容器组断路器跳闸后不允许强送，过电流保护动作跳闸应查明原因，否则不允许再投入运行。

2）在检查处理电容器故障前，应先拉开断路器及隔离开关，然后验电装设接地线。由于故障电容器可能发生引线接触不良，内部断线或熔丝熔断，因此有一部分电荷有可能未放出来，所以在接触故障电容器前，应戴绝缘手套，用短接线将故障电容器的两极短接，方可动手拆卸。对双星形接线电容器组的中性线及多个电容器的串接线，还应单独放电。

3）全站及 35kV 母线失压后，电容器组低电压保护未动作跳闸时，应将各组电容器开关拉开，以防送电时产生过电压、过电流。

（2）电容器开关跳闸处理步骤。

1）汇报调控人员电容器开关跳闸或接收调控中心跳闸通知。

2）现场查看监控后台以及保护动作情况进行分析，按顺序检查电容器开关、电流互感器、电容器、放电线圈及中性点电流互感器有无异常，重点检查电容器有无爆炸、严重过热鼓肚及喷油，接头有无过热熔化、套管有无放电痕迹。

3）若发现上述情况应汇报调控人员，将故障处隔离，通知检修人员处理；若无以上情况，电容器开关跳闸是由外部母线电压波动所致，经 15min 后可进行送电。

（3）电容器渗漏油异常。

电容器轻微渗油，可不申请停电处理，应登记缺陷并按消缺流程处理，但应加强巡视；电容器渗油严重，应汇报调控人员，将电容器退出运行，并告调控中心该组电容器存在缺陷不能投入运行，联系检修人员处理。

（4）电容器外壳膨胀异常。

电容器外壳轻微鼓肚属于严重缺陷，应登记缺陷，加强巡视检查，告知监控人员该组电容器存在缺陷应优先投入其余正常组电容器，并按缺陷流程处理；电容器外壳明显鼓肚属于危急缺陷，应汇报调控人员，将电容器组退出运行，告监控中心该组电容器存在缺陷不能投入运行，并联系检修人员处理。

（5）电容器本体及接头发热异常。

1）电容器本体发热：单台电容器外壳温度超过相邻五台平均温度 5K，但不超过 10K，应为严重缺陷，应登记缺陷，进行跟踪测温，告知监控人员该组电容器存在缺陷应优先投入其余正常组电容器，并按缺陷流程处理；单台电容器外壳温度超过相邻五台平均温度 10K，为危急缺陷，应汇报调控人员，将电容器组退出运行，告监控中心该组电容器存在缺陷不能投入运行，并联系检修人员处理。

2）电容器接头引线发热：运行中发现电容器接头引线发热应登记缺陷，进行跟踪测温，严重发红发热不能继续运行的，应汇报调控人员，将电容器组退出运行，联系检修人员检查处理。

（6）电容器声音异常。

运行中电容器发出异常声响（"嗞嗞"声或"咕咕"声），则说明内部或外部有局部放电现象，此时应汇报调控人员，将电容器组退出运行，联系检修人员处理，查找故障电容器。

2.9 开关柜

2.9.1 概述

高压开关柜是指用于输电、配电中起通断、控制和保护等作用，高压开关柜按电压等级分为 3.6～35kV 的电器产品。按断路器安装方式分为移开式（手车式）和固定式。

2.9.2 运维管理要求

（1）高温高负荷时期应加强开展开关柜温度检测，对温度异常的开关柜加强监测、分析和处理，防止导电回路过热引发的柜内短路故障，若温度过高应采取散热通风措施。由于保护元件分散分布在开关柜上，开关室长期运行温度不得超过 50℃，否则应采取措施加强通风降温（开启开关室通风设施）。

（2）对于高压开关柜存在误入带电区域的可能部位及后上柜门打开的母线室外壳，应粘贴醒目警示标志，如电压互感器后柜门应粘贴"必须母线停电后方可打开"等。

（3）充分利用红外测温、超声波、超高频、暂态地电压测试等带电检测手段对开关柜进行检测，及早发现和消除开关柜内过热、局部放电等缺陷，防止由开关柜内部局部放电演变成短路故障。

（4）高压开关柜所配防误操作装置的可靠性检查，应充分利用停电时间检查手车与接地开关、隔离开关与接地开关的机械闭锁装置。加强带电显示闭锁装置的运行维护，保证其与柜门间强制闭锁的运行可靠性。防误操作闭锁装置或带电显示装置失灵应作为严重缺陷尽快予以消除。

（5）运行环境较差的 10kV 开关室应加强房间密封，在柜内加装加热驱潮装置并采取安装空调或工业除湿机等措施，空调的出风口不应直接对着开关柜柜体，避免制冷模式下造成柜体凝露导致绝缘事故；对高寒地区，应选用满足低温运行的断路器和二次装置，否则应在开关室内配置有效的采暖或加热设施，防止凝露导致绝缘事故。

（6）高压开关柜在安装后应对其一、二次电缆进线处采取有效封堵措施。为防止开关柜火灾蔓延，在开关柜的柜间、母线室之间及本柜其他功能隔室之间应采取有效的封堵隔离措施。

（7）针对封闭式高压开关柜，运维人员必须在完成高压开关柜内所有可触及部位的验电、接地后，方可进入柜内实施检修维护作业。对进出线电缆插头和避雷器引线接头等易疏忽部位，应作为验电重点全部验电，确保检修人员可触及部位全部停电。

（8）手车开关每次推入柜内后，应保证手车到位和隔离插头接触良好。

（9）开关柜断路器在工作位置时，严禁就地进行分合闸操作。远方或遥控操作时，就地人员应远离设备。

（10）高压开关柜内断路器小车拉出后，触头盒活门禁止开启，并在活门前设置"止步，高压危险！"标示牌，标示牌应采用绝缘材质，其大小应能同时遮挡上、下触头盒活门。

（11）开关柜内加热器应一直处于运行状态，以免开关柜内元件表面凝露，影响绝缘性能，导致沿面闪络。

（12）对避雷器与母线直接连接等存在一次接线安全隐患的开关柜，如具备改造条件，应首先改变接线方式，保证手车抽出或隔离开关分闸后，避雷器、电压互感器和熔断器等均不带电。

（13）对由于结构原因无法进行一次接线改造的开关柜，应制订计划，逐步安排整体更换。在隐患消除前，应在存在安全隐患的隔室柜门上装设醒目的警示标识。母线带电情况下，严禁从事避雷器隔室内的检修工作。

（14）对未设置和安装压力释放通道或虽安装但不能达到泄压要求的开关柜，应与制造厂配合按照技术条件要求，采取设置压力释放装置，将泄压通道顶盖板金属螺栓更换为防爆螺栓（尼龙螺栓等），加固前后门等手段进行改造。对不具备改造条件的设备，应安排整体更换。

（15）对相间或相对地空气绝缘净距不满足 125mm（12kV）和 300mm（40.5kV）的高压开关柜，应采取导体加装绝缘护套的包封措施。所用绝缘护套材料必须通过老化试验，且应与所配开关柜使用寿命保持一致。绝缘包封改造应满足防潮、抗老化要求，包封后的设备通流能力和散热效果应满足运行要求。

（16）应全面核实开关柜面板上的一次电气接线图，使其与柜内实际一次接线保持一致，对不一致的应立即纠正。

2.9.3　故障及异常处理

1. 开关柜手车（小车）操作卡涩异常处理

出现手车（小车）操作卡涩的异常情况，首先应检查断路器位置是否在分闸位置，相关的机械五防部件是否在相应的正确位置，检查导轨等传动部件有无明显的变形，否则应通知检修专业人员立即进行修理。

2. 开关柜手车（小车）断路器拒动或误动异常处理

首先应检查控制回路电源是否正常，手车（小车）是否操作到位，相关控制开关、软/硬压板是否正确切换，对于拒合情况检查储能是否正常，检查操动机构有无明显异常，否则应通知检修人员立即进行修理或更换相关控制部件。

3. 断路器储能异常处理

首先应检查储能回路电源是否正常，手车（小车）是否操作到位，检查操动机构有无明显异常，否则应通知检修人员立即进行修理或更换相关控制部件。

4. 接地开关操作卡涩异常情况

首先应检查手车（小车）位置是否在检修位置，相关的机械五防部件是否在相应的正确位置，检查传动连杆、主拐臂等传动部件有无明显的变形，否则应通知检修人员立即进行修理。

5. 开关柜位置、信号及带电显示指示异常处理

应检查相关指示的工作电源是否正常并复归相关测控装置，否则应通知检修人员立即进行修理。

6. 开关柜有异常声响的处理

首先应结合开关柜的相关运行负荷、温度及附近有无异常声源进行简单的分类，并可结合红外测温、局部放电检测技术进行放电性异常声响诊断，对于机械振动类造成的异常声响，可减轻间隔负荷并通知检修人员适时进行修理。对于放电造成的异常声响，应汇报调控人员，申请退出运行，通知检修人员立即进行修理。

7. 开关柜在运行中发热

发热的原因主要有负荷过大、触头氧化接触不良、手车隔离插头没有完全合好、相关穿屏隔板出现涡流。发现后应立即汇报调控人员，要求转移负荷，并根据红外测温缺陷定性标准和缺陷严重程度进行处理。严重缺陷，应通知检修人员及时进行修理；危急缺陷，应汇报调控人员，申请退出运行，通知检修专业人员立即进行修理。

8. 绝缘异常处理

绝缘异常主要表现为外绝缘对地闪络击穿，内绝缘对地闪络击穿，相间绝缘闪络击穿，雷电过电压闪络击穿，瓷瓶套管、电容套管闪络、污闪、击穿、爆炸，提升杆闪络，电流互感器闪络、击穿、爆炸，绝缘子断裂等。其放电击穿的原因主要是由于相与相间对地绝缘尺寸小，柜内有机绝缘件表面积污严重，遇到潮湿天气，加热驱潮装置失灵时，柜内湿度较高，引起绝缘表面结露而爬电或放电、击穿造成事故。严重时，应汇报调控人员，申请退出运行，通知检修专业人员立即进行修理。

2.10　防雷及接地装置

2.10.1　概述

变电站防雷设施由避雷针、避雷器、接地网组成。避雷针由针头、引流体和接地装置三部分组成。避雷器是一种释放过电压能量、限制过电压幅值的保护设备，在释放过电压能量后，避雷器恢复到原状态。

装有泄漏电流监测表的避雷器，在避雷器绝缘子的末端应装设屏蔽环，以免绝缘子的泄漏电流影响对避雷器泄漏电流的监测。

2.10.2　运维管理要求

（1）避雷器应全年投入运行，严格遵守避雷器交流泄漏电流测试周期，雷雨季节前后各测量一次，测试数据应包括全电流及阻性电流，合格后方可继续运行。

（2）110kV 线路若无避雷器者，不宜充电运行。

（3）110kV 及以上避雷器应有单独的辅助集中接地装置，其接地电阻不大于 10Ω，并应与主接地网连接。

（4）110kV 及以上避雷器均应装有动作计数器，应做泄漏电流试验。

（5）系统异常运行（过电压跳闸）应对避雷器进行重点检查。

（6）安装了在线监测仪的避雷器运行管理规定：

1）对已安装在线监测表计的避雷器，强雷雨天气后应进行特巡。

2）在线监测仪在投入运行的时候，应记录一次测量数据，作为原始数据记录到记录本上。

3）当在线监测仪监测数据出现异常，如有较明显的变化时（变化量一般不超过10％），应立即汇报有关人员做出处理。

4）监测仪投入运行后，应结合避雷器停电检测进行定期校验，校验不合格的装置应及时更换。

（7）电气设备的接地应符合下列要求：

1）电气设备的接地引下线（接地线），应采用专用接地线直接接到地网，不准通过水泥架构内钢筋间接引下，接地线截面积应符合规程要求。

2）接地线的连接应采用焊接，其搭接长度必须为扁钢宽度的 2 倍或圆钢直径的 6倍，接地线与设备、接地线与架构（钢筋）均采用焊接方式连接，连接处要求同 1）（室内采用铜质接地极者除外）。

3）应特别注意变压器中性点的接地，其中带零序电流互感器者，应注意其接地极要符合上述要求。

4）接地电阻不符合规定要求者，巡视设备时，应穿绝缘靴。

2.10.3 故障及异常处理

1. 避雷器故障异常一般规定

运行中避雷器有下列故障之一时，立即停用：

（1）避雷器瓷套破裂或爆炸。

（2）避雷器底座支持绝缘子严重破损、裂纹。

（3）避雷器内部有异声。

（4）连接引线严重烧伤或断裂。

（5）雷击放电后，连接引线严重烧伤或烧断。

2. 避雷器在线监测仪泄漏电流表读数为零

用手轻拍在线监测仪检查泄漏电流表指针是否卡死，如无法恢复时，应登记缺陷，并通知检修人员带电进行在线监测仪更换（在保证安全距离的条件下）。

3. 避雷器在线监测仪泄漏电流表读数异常增大

正常天气情况下，泄漏电流表读数超 1.2 倍（指示值纵横比增大 20%）或读数为 0，为严重缺陷，应登记缺陷，加强巡视，汇报相关领导并按缺陷处理流程安排停电检修；正常天气情况下，读数超 1.4 倍（指示值纵横比增大 40%），为危急缺陷，应汇报调控人员，将故障避雷器停运，通知检修人员处理。

4. 避雷器红外测温温度异常

对于暂可继续运行的缺陷，应加强巡视，按缺陷流程安排处理，危急设备运行的缺陷，应汇报调控人员，采取停电措施，通知检修人员立即进行处理。

5. 避雷器内部声响异常

避雷器内部声响异常应汇报调控人员，采取停电措施，通知检修人员立即进行处理。

6. 避雷器外绝缘套污闪或冰闪

（1）发现避雷器外绝缘套污闪或冰闪现象后，运维人员应立即向调控人员及上级领导汇报。

（2）严重闪络，应申请停电进行处理。

（3）不能停电处理的，应进行红外测温，加强监视，尽快安排停电处理。

7. 避雷器瓷套裂纹

（1）裂纹较小，应登记缺陷，汇报相关领导，并加强巡视检查，尽快安排停电处理。

（2）裂纹严重，可能造成接地的，应汇报调控人员，采取停电措施，并通知检修人员立即处理。

8. 避雷器引线脱落断损或松脱

发现避雷器引线断损或松脱后，应立即汇报调控人员，将故障避雷器停运，并做好安全措施，等待检修人员到现场进行处理。

2.11　耦合电容器、结合滤波器

2.11.1　概述

耦合电容器是用来在电力网络中传递信号的电容器。主要用于工频高压及超高压交流输电线路中，以实现载波、通信、测量、控制、保护及抽取电能等目的。使得强电和弱电两个系统通过电容器耦合并隔离，提供高频信号通路，阻止工频电流进入弱电系统，保证人身安全。

结合滤波器接在耦合电容器的低电压端和连接电力线载波机的高频电缆之间，与耦合电容器配合，将高频信号引入保护、通信装置。

2.11.2　运维管理要求

（1）耦合电容器二次侧严禁开路运行。

（2）正常运行时，耦合电容器的接地开关是带有电压的，应在断开位置，不得触及。

（3）当高频保护通道或载波通信回路进行检查或检修时，根据继电保护和通信设备的要求进行操作，应将该通道设备退出，并合上耦合电容器的接地开关，恢复运行时先拉开接地开关，接地开关的操作必须使用合格的安全用具。

（4）当高频保护频繁启动时，应对该回路耦合电容器进行特巡。

（5）在接触耦合电容器之前，应将线路停役，并在耦合电容器引线上装设接地线，通过接地棒可靠放电，并用导线将两端短接。

（6）耦合电容器发生渗漏油时，应作为危急缺陷上报。

2.11.3　故障及异常处理

运维人员在运行中发现耦合电容器有异常现象时，应根据现场实际分析判断。如果影响设备正常运行或是需要调度配合时，运维人员应立即汇报调度及生产指挥中心和相关领导，并尽快将其消除；如不能尽快消除的，应采取隔离措施，通知检修人员处理。如设备存在缺陷，应登记缺陷，并及时报告生产指挥中心和相关领导。

2.12 阻波器

2.12.1 概述

阻波器是载波通信及高频保护不可缺少的高频通信元件，它阻止高频电流向其他分支泄漏，起减少高频能量损耗的作用。线路阻波器是串联在输电线路上的设备，用以阻止高频信号向不需要的方向传送，供高频通信和高频保护构成通道之用。阻波器内的避雷器是将阻波器所受的雷电压限制在一定范围内，以保护阻波器。

2.12.2 运维管理要求

（1）检查吊环牢固，无掉落风险。

（2）阻波器内无鸟窝。

（3）对于本体及其电气连接部分每季度应进行带电红外线测温和不定期重点测温。红外测温发现有异常过热，应申请停运处理。

（4）线路阻波器的检修所在线路必须停役。

（5）合上线路接地开关，在阻波器线路侧挂接地线。

（6）阻波器表面应定期清洗，运行一段时间后应重新喷涂憎水绝缘材料。

（7）发现阻波器包封表面有放电痕迹或油漆脱落，以及流（滴）胶、裂纹现象，应及时处理。

2.12.3 故障及异常处理

运维人员在运行中发现阻波器有异常现象时，应根据现场实际分析判断。如果影响设备正常运行或是需要调度配合时，运维人员应立即汇报调度及生产指挥中心和相关领导，并尽快将其消除；如不能尽快消除的，应采取隔离措施，通知检修人员处理。如设备存在缺陷，应登记缺陷，并及时报告生产指挥中心和相关领导。

2.13 母线、构架、绝缘子

2.13.1 概述

1. 母线

在电力系统中，母线将配电装置中的各个载流分支回路连接在一起，起着汇集、分配和传送电能的作用。母线按外形和结构，大致分为以下三类：

(1) 硬母线：包括矩形母线、圆形母线、管形母线等。

(2) 软母线：包括铝绞线、铜绞线、钢芯铝绞线、扩径空心导线等。

(3) 封闭母线：包括共箱母线、分相母线等。

2. 构架

变电站构架是指用于悬挂、支撑导体、设备的刚性设施，构架是变电站不可或缺的一种基本设施，种类繁多，可按用途、材质等进行分类。

(1) 按用途可分为进线架、母线架、中央门型架、转角架、设备构支架等。

(2) 按材质可分为现场预制钢筋混凝土构支架、钢筋混凝土柱钢梁构支架、钢构支架、钢管混凝土复合构支架等。

(3) 按受力情况可分为中间构支架、终端构支架、打拉线构支架。

3. 绝缘子

变电站绝缘子一般分为悬式绝缘子和支持绝缘子。

2.13.2 运维管理要求

(1) 检修后或长期停用的母线，投运前须对母线充电。母线的充电必须用断路器进行，严禁用隔离开关对母线充电。母线充电时，必须投入母联断路器的充电保护（母联断路器自带的充电保护或母差保护的充电保护），充电正常后，须立即退出母联断路器的充电保护。

(2) 220kV 母线停送电操作中，必须避免电压互感器二次侧反充电，即：停电操作时，先断开电压互感器全部二次快分开关，然后断开电压互感器隔离开关；送电操作时先合上电压互感器隔离开关，再合上电压互感器全部二次快分开关。

(3) 进行 220kV 倒母线的操作时，母联断路器须合上，并拉开母联断路器的 I、II 组直流控制电源开关，使之处于运行非自动状态。然后操作需倒换的单元间隔，先合上待合的母线侧隔离开关，再拉开待拉的母线侧隔离开关。事故情况下，当母联断路器断开时，须先拉开待拉的母线侧隔离开关，再合上待合的母线侧隔离开关。

(4) 倒母线操作时，必须投入母线保护屏相应的"互联"或"投单母"压板；恢复双母线正常运行方式后，必须退出母线保护屏上的"互联"或"投单母"压板。

(5) 倒母线操作进行完毕后，还须认真检查母线保护屏、线路保护屏、电能表屏所显示的各间隔母线隔离开关的位置指示灯的指示是否与所在运行母线的实际位置相对应。

(6) 对于双母线接线方式的变电站，在一条母线停电检修及恢复送电过程中，必须做好各项安全措施。

（7）在无母差保护运行期间应采取相应措施，严格限制变电站母线侧隔离开关的倒闸操作，以保证系统安全。

2.13.3 故障及异常处理

1. 运行中的母线应立即停电的情况

（1）母线绝缘子倾斜、绝缘子断裂。

（2）母线伸缩接头变形。

（3）母线上悬挂异物。

运维人员应立即汇报调控人员，向调控人员申请停电处理，并立即报告上级领导，现场无法处理的故障应立即通知检修人员处理。

2. 母线接头发热

母线及接头长期允许工作温度不宜超过 70℃，根据红外测温周期开展接头温度测量，运行中应加强监视，发现接头发热或发红后，应立即汇报当值值班调控人员，采取倒换母线、减负荷等处理措施。

2.14 电力电缆

2.14.1 概述

电力电缆按绝缘材料可分为油浸纸绝缘电力电缆、塑料绝缘电力电缆、橡皮绝缘电力电缆，一般埋设于土壤中或敷设于室内、沟道、隧道中。

2.14.2 运维管理要求

（1）变电站内应保持电缆通道、夹层整洁、畅通，消除各类火灾隐患，不得积存易燃、易爆物。

（2）电缆通道临近易燃或腐蚀性介质的存储容器、输送管道时，应加强监视，防止其渗漏进入电缆通道，进而损害电缆或导致火灾。

（3）变电站夹层应安装温度、烟气监视报警器、火情监测报警系统和排烟通风设施，并按消防规定，定期检测，确保动作可靠、信号准确。

（4）在电缆通道、夹层内动火作业应办理动火工作票，并采取可靠的防火措施。

（5）变电站的电缆，在进入控制室、电缆夹层、控制柜、开关柜等处的电缆孔洞，应采用防火材料严密封闭。

（6）变电站内直埋电缆沿线应装设永久标识，电缆路径上应设立明显的警示标志，对可能发生外力破坏的区段应加强监视，并采取可靠的防护措施。

（7）全电缆线路不应采用重合闸，对于含电缆的混合线路应采取相应措施，防止变压器连续遭受短路冲击。

（8）电缆主绝缘、单芯电缆的金属屏蔽层、金属护层应有可靠的过电压保护措施。

（9）严禁在变电站电缆夹层、桥架和竖井等缆线密集区域布置电力电缆接头。

（10）严禁金属护层不接地运行。

（11）电缆导体的长期允许工作温度（℃），不应超过表 2-5 中所列的数字（制造厂有具体规定时，应以制造厂规定为准）。

表 2-5　　　　　　　　　　　　电缆导体的长期允许工作温度　　　　　　　　　　（℃）

电缆种类	额定电压				
	3kV 及以下	6kV	10kV	20～35kV	110～330kV
天然橡皮绝缘	65	65			
黏性纸绝缘	80	65	60	50	
聚氯乙烯绝缘	65	65			
聚乙烯绝缘	70	70			
交联聚乙烯绝缘	90	90	90	80	
充油纸绝缘				75	75

（12）电缆正常时不允许过负荷运行，即使在事故状态下出现短时过负荷，应立即汇报调控人员迅速恢复其正常电流，电缆长期允许载流量以厂家数据为准。

（13）电缆线路的正常工作电压，一般不应超过电缆额定电压的 115%，电缆线路的升压运行必须经过试验鉴定，并经上级主管部门批准。

（14）电缆的弯曲半径应不小于下列规定：

1）纸绝缘多芯电力电缆（铅包、铠装）15 倍电缆外径。

2）纸绝缘单芯电力电缆（铅包、铠装或无铝装）20 倍电缆外径。

3）铝包电缆、橡皮绝缘和塑料绝缘电缆及控制电缆按制造厂规定。

4）聚氯乙烯绝缘电力电缆 10 倍电缆外径。

5）交联聚乙烯绝缘电力电缆，单芯为电缆外径的 15 倍，三芯为电缆外径的 10 倍。

2.14.3　故障及异常处理

1. 电缆过热

电缆过负荷时，会导致发热严重，应汇报调控人员申请减少负荷，做好红外测温，加强监视。

2. 申请将电缆退出运行的情况

(1) 电缆头爆炸。

(2) 电缆头严重发热。

(3) 电缆头放电现象较严重。

(4) 如漏油严重时。

电缆发生上述情况时，应汇报调控人员，申请将电缆退出运行。

3. 电缆着火

应立即将电缆退出运行，并汇报调控人员，同时报告上级领导。现场负责人组织灭火，现场无法处置的火灾情况，应该立即拨打火灾报警电话 119，参照火灾应急处置流程进行处理。

2.15 融冰装置

2.15.1 概述

直流融冰指利用 35（20）kV 电压等级的交流融冰电源，通过直流融冰装置将交流转化为直流，对线路进行直流电流发热融冰的方式。直流融冰装置分为移动式和固定式两种。其中固定式直流融冰装置主要由输入电源隔离开关、变压部件、整流部件、内部串并联隔离开关、感应电压抑制部件、输出组合隔离开关及测量保护系统构成。其中输入电源隔离开关给整个直流融冰装置系统提供电源（35kV 或 20kV），经变压部件降压后输出至整流部件。整流部件将交流转化为直流后，经内部串并联隔离开关实现整流部件两个直流输出的串联或并联，内部串并联隔离开关两相直流输出由输出组合隔离开关转换成输电线路的 A、B、C 三相，实现所有的融冰方式（包括两并一串和两相串联等 6 种方式）。

2.15.2 运维管理要求

1. 维护内容、要求及轮换试验周期

(1) 原则上设备运维单位不进行直流融冰装置的整流部件（含冷却系统）内部的常规检查和例行试验等工作，如通过状态评估需要对整流部件开展内部常规检查和例行试验等工作时，由设备运维单位向设备研制单位提出申请，设备研制单位实施。

(2) 变电站运维单位应每半年对固定式融冰装置进行一次充电全面检查（核心部件除外）试验。

(3) 每年 12 月下旬根据公司下达的年度直流融冰方案，提前编审和准备好典型倒闸操作票，开展模拟操作演练。

（4）事故油池通畅检查每年一次。

（5）每季度对阀室进行一次通风机和空调的试验检查。

（6）每月清扫融冰设备机构箱。

（7）机构箱内装有温控器电热装置的入冬前应进行一次全面检查并投入运行，当气温低于5℃时应复查电热装置是否正常启动。

（8）机构箱内驱潮装置应在雨季来临之前进行一次全面检查并投入运行，发现缺陷及时处理。可用钳形电流表测量回路电流的方法进行验证，当湿度大于75%时，应检查驱潮装置是否正常启动。

2. 直流融冰运行规定

（1）直流融冰装置正常处于检修状态。

（2）变电站运维单位负责所辖站内的固定式直流融冰装置的现场操作。变电站运行维护人员和融冰装置操作人员必须在得到调度通知后2h内到达现场进行操作。

（3）融冰装置的接入和退出、融冰短接点的安装和拆除工作，需征得当值调度员同意。

（4）事故情况下，调度可以下令中断融冰。

（5）融冰过程中，各相关单位应实时监视站内融冰回路设备、直流融冰装置的运行状态，如发生过流等跳闸事件，必须查明原因后，方可继续实施融冰。

（6）融冰过程中，直流融冰装置的故障处理按事故抢修进行。

2.15.3 故障及异常处理

运维人员在运行中发现融冰装置有异常现象时，应根据现场实际分析判断。如果影响设备正常运行或是需要调度配合时，运维人员应立即汇报调度及生产指挥中心和相关领导，并尽快将其消除；如不能尽快消除的，应采取隔离措施，通知检修人员处理。如设备存在缺陷，应登记缺陷，并及时报告生产指挥中心和相关领导。

1. 脉波整流器异常

阀短路、接地故障时，控制保护系统跳开装置电源开关，此时应详细记录监控后台及控制保护装置信号，应汇报调度，申请将脉波整流器退出运行等措施，并立即报告生产指挥中心和相关领导，通知检修人员立即处理。

2. 整流器异常

（1）以下情况应立即将整流器停运：

1）整流器冒烟、着火。

2）整流器声音增大，内部有炸裂声。

3）套管严重闪络或炸裂。

4）储油柜、套管油位指示过低，大量漏油使整流器油面下降到低于油位计的指示下限。

5）油化验不合格，特别是乙炔超标。

6）应汇报调度，申请将整流器退出运行，并立即报告生产指挥中心和相关领导，通知检修人员立即处理。

（2）声音异常的处理。

1）如整流器声音"嗡嗡"声均匀加重，经检查可能是负荷电流过大造成，可以向调度申请降低负荷。

2）如整流器声音明显异常，或内部有炸裂声，应立即按下综合控制箱内"急停"按钮拉开断路器，应汇报调度，申请将整流器退出运行，并立即报告生产指挥中心和相关领导，通知检修人员立即处理。

（3）油温异常升高的处理。

1）核对温度计指示是否与监控后台一致。

2）应通过比较安装在该换流器上的不同油温度计读数，并充分考虑气温、负荷的因素，判断是否为整流器温升异常。

3）根据整流器的负荷温度曲线进行分析比较。

4）核对测温装置准确度。

5）检查整流器有关蝶阀开闭位置是否正确，检查整流器油位情况。

6）检查整流器的气体继电器内是否积聚了可燃气体。

7）检查系统运行情况，注意系统谐波电流情况。

8）在正常负荷和冷却条件下，整流器油温不正常并不断上升，且经检查证明温度指示正确，则说明整流器已发生内部故障，应立即将整流器停运，应汇报当值值班调度员，申请将整流器退出运行，并立即报告生产指挥中心和相关领导，通知检修人员立即处理。

（4）油位异常处理。

1）运行中整流器出现油面过高或从储油柜中溢出时，应首先检查整流器的负荷和温度是否正常，如负荷和温度、声响正常，则可以判断为呼吸器阻塞或油位计指示错误（出现假油位）。

2）因漏油使油位下降时，如情况不严重应立即对漏油部件进行处理，并采取补油措施，补油前应申请将重瓦斯保护改投信号。如因大量漏油使油位迅速降低，应向调度申请，停用整流器，并通知检修单位。

（5）过负荷。整流器过负荷发信时，应立即记录油温、负荷，检查整流器声音是否正常、接头是否发热、运行是否正常、压力释放装置是否动作。如确认为内部故障引起电流增大，应将整流器退出运行，并通知检修单位。

（6）保护系统。直流融冰装置保护由整流变压器保护和12脉波整流器保护构成，整流变压器保护包括重瓦斯、轻瓦斯、压力释放、过温保护，12脉波整流器保护包括过电流、过热、风机故障保护。当整流变压器发生重瓦斯故障或整流器发生过电流、过热和风机故障时，控制箱能够将跳闸信号传至35kV融冰开关。同时，控制箱面板上设置整流变压器重瓦斯故障和整流器综合故障的保护压板，能够任意投退这两个部件的保护出口。另外装置面板上设有"急停按钮"，在融冰过程中出现异常情况时，可按下装置面板上的"急停按钮"来跳开35kV融冰开关。信号发信至监控系统后台。

（7）过电流故障。当整流器的A桥电流或B桥电流超过过电流整定值时，装置发出过电流故障信号，同时装置面板上的"过电流"指示灯亮。

（8）过热故障。整流器内部风道（共6个）装有温度继电器，当内部温度超过整定值（70℃）时，过热保护动作，发出故障信号，同时装置面板上的"过热"指示灯亮，且装置面板上对应的过热通道指示灯亮。

（9）风机故障。整流器内部装有风速继电器，当未送风或风机出现故障停机时，风机故障保护动作，发出故障信号，同时装置面板上的"风机故障"指示灯亮。

2.16 消弧线圈

2.16.1 概述

消弧线圈是一种带铁芯的电感线圈。它接于变压器的中性点与大地之间，构成消弧线圈接地系统，用以补偿容性接地故障电流，使补偿后的残余电流变得很小，不足以维持电弧，从而自行熄灭，不致引起过电压。

2.16.2 运维管理要求

（1）停运半年及以上的消弧线圈装置应按有关规定试验检查合格后方可投运。

（2）消弧线圈装置投入运行前，调控中心必须按系统的要求调整保护定值，确定运行挡位。

（3）中性点经消弧线圈接地系统，应运行于过补偿状态。

（4）中性点位移电压小于15%相电压时，允许长期运行。

（5）消弧线圈装置运行中从一台变压器的中性点切换到另一台变压器中性点时，应采用先拉后合的方式，不得将两台变压器的中性点同时接到一台消弧线圈的中性母线上。

（6）装置在运行时，运维人员勿进行参数设定的操作，应熟知控制器操作方法，特别是微机调谐器面板上的键盘操作，每次操作应有记录。

（7）系统中发生单相接地时，禁止操作或手动调节该段母线上的消弧线圈，有人值守变电站应监视并记录下列数据：

1）接地变压器和消弧线圈运行情况。

2）阻尼电阻箱运行情况。

3）微机调谐器显示参数电容电流、残流、脱谐度、中性点电压和电流、分接开关挡位和分接开关动作次数等。

4）单相接地开始时间和结束时间。

5）单相接地线路及单相接地原因。

6）天气状况。

2.16.3 故障及异常处理

1. 消弧线圈应立即停运的情况

（1）正常运行情况下，声响明显增大，内部有爆裂声。

（2）严重漏油或喷油，使油面下降到低于油位计的指示限度。

（3）套管有严重的破损和放电现象。

（4）冒烟着火。

（5）附近的设备着火、爆炸或发生其他情况，对成套装置构成严重威胁时。

（6）当发生危及成套装置安全的故障，而有关的保护装置拒动时。

（7）油浸式电抗器：

1）严重漏油，储油柜无油面指示。

2）压力释放装置动作喷油或冒烟。

3）套管有严重的破损漏油和放电现象。

4）在正常电压条件下，油温、线温超过限值且继续上升。

5）过电压运行时间超过规定。

（8）干式电抗器：

1）局部严重发热。

2）支持绝缘子有破损裂纹、放电。

3）干式电抗器出现沿面放电。

4）干式电抗器出现突发性声音异常或振动。

2. 运行中禁止拉合消弧线圈与中性点之间的隔离开关的情况

（1）系统有单相接地现象出现，已听到消弧线圈的"嗡嗡"声。

（2）中性点位移电压大于15％相电压。

3. 应汇报调控人员并加强监视的情况

（1）若消弧线圈在最大补偿电流挡位运行仍不能满足补偿要求，说明消弧线圈容量不足。

（2）中性点电压大于15％相电压。

（3）接地变压器或消弧线圈有异常响声。

（4）阻尼电阻异常。

（5）控制器异常。

2.17　隔直装置

2.17.1　概述

隔直装置的作用是在变压器中性点接地回路接入电容器隔断直流电流回路，从而抑制变压器中性点直流电流。

2.17.2　运维管理要求

1. 变压器运行中，隔直装置投入运行操作过程

（1）使隔直装置通电。

（2）确认隔直装置处于退出运行状态，并确认隔直装置无任何报警信号。

（3）合隔直装置隔离开关GZ12，使变压器中性点的两个接地回路同时处于闭合状态。

（4）断开变压器中性点接地隔离开关GZ11。

（5）如隔直装置正常运行方式为电容长期接地工作状态，应将隔直启动电流设置为"0"，并将返回电压设置为"0"。

（6）将隔直装置设置为"自动"模式。

2. 变压器运行中，隔直装置退出运行操作过程

（1）确认隔直装置处于投入运行状态，将装置改为"手动"模式，退出隔直电容器（若已投入）。

（2）合变压器中性点接地开关 GZ11，使变压器中性点的两个接地开关同时处于闭合状态。

（3）拉开隔直装置隔离开关 GZ12，使隔直装置脱离变压器中性点。

（4）运维人员在对隔直装置进行操作时，严禁将变压器中性点直接接地隔离开关和隔直装置隔离开关都处于分闸状态。

（5）两台主变压器不应同时共用一台中性点电容隔直/电阻限流装置。

（6）正常情况下，隔直装置应投入运行，并设定在"自动"工作模式，原则上不能对其进行操作。当遇到紧急情况，需要直接改变装置的运行状态和工作状态时，应进行手动操作。

（7）主变压器投运后，方可投入相应的中性点电容隔直/电阻限流装置。退出装置前，应合上主变压器中性点电容隔直/电阻限流装置接地开关。

（8）在中性点电容隔直/电阻限流装置单独检修或故障处理时，应将变压器中性点直接接地，并将装置与运行变压器中性点可靠隔离。

2.17.3　故障及异常处理

运维人员在运行中发现隔直装置有异常现象时，应根据现场实际分析判断。如果影响设备正常运行或是需要调度配合时，运维人员应立即汇报调度及省检修公司生产指挥中心，并尽快将其消除；如不能尽快消除的，应采取隔离措施，通知检修人员处理。如设备存在缺陷，应登记缺陷，并及时报告省检修公司生产指挥中心。相关记录记入生产管理系统。

1. 隔直装置控制电源故障告警

在投入运行状态下隔直装置控制电源故障告警时，表明装置的控制电源已经消失，应先将隔直装置退出运行后，作为危急缺陷处理。

2. 旁路断路器断开执行回路故障

装置由直接接地工作状态进入电容接地工作状态失败时，运维人员应迅速将装置手动操作改为电容接地工作状态，并将故障作为危急缺陷及时反馈检修人员进行检查处理。

3. 旁路断路器闭合执行回路故障

装置由电容接地工作状态进入直接接地工作状态失败时，运维人员无须操作，但应将故障作为危急缺陷及时反馈检修人员进行检查处理。

4. 晶闸管击穿或充电电源故障

晶闸管击穿故障时，将形成一通道旁路隔直电容，隔直装置不能进入电容隔直状态。充电电源故障不影响电容隔直功能，但会失去快速旁路检验功能，不确定快速旁路保护是否可靠。运维人员无须操作，但应将故障作为危急缺陷及时反馈检修人员进行检查处理。

5. 晶闸管不能触发故障

在电容接地工作状态下出现三相不平衡过电压时不能旁路隔直电容。运维人员无须操作，但应将故障作为危急缺陷及时反馈检修人员进行检查处理。

6. 装置控制器故障

在运行状态下装置控制器出现故障，控制器没有显示，表明控制器不能实现正常控制功能。运维人员应迅速将装置手动操作改为电容接地工作状态，并将故障作为危急缺陷及时反馈检修人员进行检查处理。

7. 电容器或晶闸管故障

在电容接地状态下电容器或晶闸管故障，表明电容器或晶闸管出现击穿故障，运维人员应先将隔直装置退出运行后，作为危急缺陷及时反馈检修人员进行检查处理。

8. 旁路断路器故障

装置控制旁路断路器动作失败，运维人员应迅速将装置手动操作改为电容接地工作状态，并将故障作为危急缺陷及时反馈检修人员进行检查处理。

9. 电流传感器超差故障

双量测电流传感器测量误差超出允许的范围，隔直装置自动改为电容接地工作状态，运维人员无须操作，但应将故障作为重要缺陷反馈检修人员进行检查处理。

10. 电压传感器超差故障

内外或双量测电压传感器测量误差超出允许的范围，隔直装置自动改为电容接地工作状态，运维人员无须操作，但应将故障作为重要缺陷及时反馈检修人员进行检查处理。

11. 辅助电源故障告警

在运行状态下隔直装置辅助电源故障告警时，表明装置的辅助电源已经消失，将造成风扇、空调、照明等设备停运，运维人员应将故障作为重要缺陷及时反馈检修人员进行检查处理。

12. 隔直装置直流电流越限告警

在隔直装置处于自动运行模式：装置根据定值自动改为电容接地工作状态，不发出越限告警信息。

在隔直装置处于手动运行模式、直接接地状态下，应核对中性点直流电流值。如电流值高于定值并满足延时要求，为正确告警，将手动操作改为电容接地工作状态；如电流值不高于定值，则为误告警，应作为重要缺陷及时反馈检修人员进行检查处理。

第 3 章 变电二次设备管理

3.1 变压器保护

3.1.1 概述

变压器保护配置双重化的主、后备一体化的电气量保护和一套非电量保护。第一套、第二套差动及后备保护装置均采用一体化设计，一套装置中包括了差动保护、高压侧后备保护、中压侧后备保护、低压侧后备保护。第一套及第二套的差动保护分别采用两种不同的原理，两套保护各侧后备保护均相同配置。220kV 变压器保护配置见表 3-1，110kV 变压器保护配置见表 3-2。

表 3-1　　　　　　　　　　　220kV 变压器保护配置

主变压器保护屏一（第一套）			主变压器保护屏二（第二套）			主变压器保护屏三（非电量）	
保护名称	备注		保护名称	备注		保护名称	备注
主保护	差动保护	跳各侧	主保护	差动保护	跳各侧	本体重瓦斯	跳各侧
	各侧过负荷	发信		各侧过负荷	发信	分接重瓦斯	
	闭锁调压	投入		闭锁调压	投入	压力释放	
高压侧后备保护（保护方向朝变压器）	复压方向过电流 T1	跳中压侧	高压侧后备保护（保护方向朝变压器）	复压方向过电流 T1	跳中压侧	本体油温高	跳各侧（正常时投信号）
	复压方向过电流 T2	跳各侧		复压方向过电流 T2	跳各侧	绕组温度高	
	复压过电流			复压过电流		本体轻瓦斯	发信号
	零序方向过电流 T1	跳中压侧		零序方向过电流 T1	跳中压侧	本体油位异常	
	零序方向过电流 T2	跳各侧		零序方向过电流 T2	跳各侧	分接油位异常	
	零序过电流			零序过电流			
	零序过电压	跳各侧		零序过电压	跳各侧		
	间隙过电流			间隙过电流			
	失灵联跳	跳各侧		失灵联跳	跳各侧		
中压侧后备保护（方向朝110kV母线）	复压方向过电流 T1	跳中母联	中压侧后备保护（方向朝110kV母线）	复压方向过电流 T1	跳中母联		
	复压方向过电流 T2	跳中压侧		复压方向过电流 T2	跳中压侧		
	复压过电流 T1	跳中母联		复压过电流 T1	跳中母联		
	复压过电流 T2	跳中压侧		复压过电流 T2	跳中压侧		
	零序方向过电流 T1	跳中母联		零序方向过电流 T1	跳中母联		
	零序方向过电流 T2	跳中压侧		零序方向过电流 T2	跳中压侧		
	零序过电压	跳各侧		零序过电压	跳各侧		
	间隙过电流			间隙过电流			
低压侧后备保护（方向停用）	复压方向过电流 T2	跳低压侧	低压侧后备保护（方向停用）	复压方向过电流 T2	跳低压侧		
	复压方向过电流 T3	跳各侧		复压方向过电流 T3	跳各侧		

表 3-2　　　　　　　　　　　　　110kV 变压器保护配置

主变压器保护屏一（第一套）				主变压器保护屏二（第二套）				主变压器保护屏三（非电量）	
保护名称			备注	保护名称			备注	保护名称	备注
主保护	差动保护		跳各侧	主保护	差动保护		跳各侧	本体重瓦斯	跳各侧
	各侧过负荷		发信		各侧过负荷		发信	分接重瓦斯	
	闭锁调压		投入		闭锁调压		投入	压力释放	跳各侧（正常时投信号）
高压侧后备保护	复压过电流	T1	跳高压侧	高压侧后备保护	复压过电流	T1	跳高压侧	本体油温高	
		T2	跳各侧			T2	跳各侧	绕组温度高	
中压侧后备保护	过电流	T2	跳中压侧	中压侧后备保护	过电流	T2	跳中压侧		
		T3	跳各侧			T3	跳各侧		
	复压过电流	T2	跳中压侧		复压过电流	T2	跳中压侧		
低压侧后备保护	过电流	T2	跳低压侧	低压侧后备保护	过电流	T2	跳低压侧		
		T3	跳各侧			T3	跳各侧		
	复压过电流	T2	跳低压侧		复压过电流	T2	跳低压侧		

3.1.2　运维管理要求

为进一步推进变电设备主人制工作深化实施，变电运维人员应作为设备全寿命周期管理的落实者，全面开展项目管控、运维管理、检修监管等设备全寿命周期管控业务，确保各类设备管理做到凡事有人负责、凡事有人监督、凡事有人闭环。

1. 项目管控要求

项目管控包含可研初设、设联会、图纸交底、项目验收等环节，在可研初设环节需重点关注保护配置原则，在设联会环节需重点关注选用的设备厂家是否符合运行、反措等要求，在图纸交底阶段需重点关注设备之间的关联是否满足运行、反措等要求，在项目验收环节应重点关注设备功能是否完整正确，无缺陷异常，装置整定无误。

（1）可研初设：

1）主变压器电气量保护均按双重化配置。

2）双重化的 220kV 主变压器保护采用不同厂家设备。

3）间隔合并单元、智能终端宜采用与本间隔对应的保护同厂家设备。

4）主变压器三侧（包括中性点）间隔合并单元双重化配置。

5）主变压器三侧智能终端双重化配置、主变压器本体智能终端单套配置。

（2）设联会：

1）220kV 变压器电量保护按双重化配置，每套保护包含完整的主、后备保护功能，两套应采用不同原理、不同厂家产品。

2）每台变压器配置一套非电量保护，集成于本体智能终端。主变压器非电量保护出口均需经硬压板。

3）主变压器智能柜本体智能终端与非电量保护在硬件（插件）上应独立；主变压器非电量保护电源应独立，应具有电源消失告警信号输出。

（3）图纸交底：

1）非电量重动继电器应满足功率要求。

2）所跳智能终端跳闸接入点继电器是否满足功率要求。

3）非电量保护应采用独立直流电源供电并具有完善的失电告警。

4）需作用于跳闸的非电量应接入非电量保护的瞬动跳闸接口，不应接入延时跳闸接口。

5）只作用于发信的非电量作为遥信开入直接接入本体智能终端。

6）低压侧采用断路器柜内电流互感器，如断路器柜内有两组电流互感器，应采用远离主变压器的绕组。

7）与其他保护设备的配合回路是否完整正确［220kV 侧与 220kV 母差保护配合，35（10）kV 侧与 35（10）kV 备用电源自动投入装置配合，与其他安自装置配合等］。

8）重要信号是否接入监控系统：保护动作、装置告警、装置闭锁。

（4）项目验收：

1）就地监控系统界面及功能正常（确认后台及主站是否有异常信号）。

2）继电保护及自动化设备现场标签齐全及正确、继电保护及自动化设备台账信息完整及正确、防火封堵完好，并按验收要求做好相关验收记录。

3）根据继电保护及自动化设备情况及时修订现场典型作业票和规程，并对其正确性负责。

2．运维管理要求

运维管理包含巡视、维护、操作等环节，在巡视时需重点关注装置是否有异常告警信号，是否满足反措要求，在维护时需重点关注装置运行环境，包括温湿度、防小动物等，在操作时需重点关注装置信息，测量出口压板。

（1）非电量保护：

1）瓦斯保护是变压器的主保护，在正常情况下变压器本体重瓦斯应投入跳闸，轻瓦斯应作用于信号。有载分接开关重瓦斯应投入跳闸，轻瓦斯退出。新变压器投产冲击合闸时，本体压力释放应投入跳闸（视设计是否有跳闸功能），正常运行时投信号。本体保护具体要求根据生产技术部门联系单执行。

2）新安装的气体继电器必须经校验合格后方可使用。瓦斯保护投运前必须对信号跳闸回路进行保护试验。气体继电器要采取如加装防雨罩等措施。

3）气体继电器应定期校验。当气体继电器发出轻瓦斯动作信号时，应立即检查气体继电器，及时取气样检验，以判明气体成分，同时取油样进行色谱分析，查明原因及时排除。

4）重瓦斯保护正常投跳闸，遇下列情况之一时改投信号：变压器注油和更换呼吸器硅胶或在变压器油循环回路上进行操作或更换设备，有可能造成保护误动。

5）若运行中发现变压器大量漏油而使油面下降时，重瓦斯不得改投信号。

（2）电气量保护：

1）当变压器主保护改信号或停用时，应有后备保护。在正常运行时变压器重瓦斯和差动保护不得同时退出运行。对于微机型主变压器保护，既装设独立的出口压板，又装设有投入压板，当需要停用差动保护时可以取下出口压板，而不取下投入压板。当主变压器220、110、35kV其中任一侧开关单独停役（改冷备用或开关检修时），该侧主变压器后备保护启动跳闸，主变压器三侧的投入压板应统一取下。

2）变压器保护新设备投产带负荷前差动保护改信号，后备保护均投入，如试验人员有特殊要求向变电值班人员提出，经调度许可后由变电值班人员操作投、退。已运行带负荷变压器，如有一侧未完成带负荷试验，当该侧开关改运行前变压器差动保护应改信号。

3）变压器差动保护检测（年度大修校验项目）后，保护电流回路（包括定值插孔）等没有拆动或变更的，允许只进行保护带负荷检测（作为差动保护检测项目之一）。若变压器差动回路等有更改或拆动，则应在申请中注明保护做带负荷试验，变压器投入运行后及时完成。

4）若后备过电流保护的复合电压闭锁回路采用各侧并联的接线方式，当一侧电压互感器停运时，应取消该侧复合电压闭锁。

5）在检修变压器保护时，对设有联跳回路的变压器保护，应解除联跳回路的压板或连线。

6）变压器中性点放电间隙保护，在中性点经间隙接地时投入，直接接地时停用；使用专用间隙电流互感器（间隙电流互感器位于放电间隙之后）的间隙保护不用随中性点接地方式的变化投停。

3. 检修监管要求

检修监管包含外观检查、二次回路绝缘测试见证、保护整组传动试验见证、三相不一致及防跳功能见证等内容，在外观检查时需重点关注装置、端子排清洁，无受潮、积尘，且一个端子最多并接两芯；二次回路绝缘测试见证重点关注测试数据是否符合要求；保护整组传动试验见证重点关注保护装置的相互配合及动作的正确性；三相不一致及防跳功能见证应重点关注动作正确性及功能完好性。

（1）外观检查：

1）电缆标牌完整、正确，光纤回路名称及编号应规范正确。

2）保护屏、端子箱、机构箱的连接线应牢固、可靠，无松脱、折断。

3）一个端子最多并接两芯，不同规格的电缆严禁接在同一端子。

4）端子排螺丝均紧固并压接可靠；接地点应连接牢固且接地良好（抽查形式开展）。

5）装置、端子排清洁，无受潮、积尘。

（2）二次回路绝缘测试见证：

1）交流电流回路对地大于 $1M\Omega$。

2）交流电压回路对地大于 $1M\Omega$。

3）直流电压回路对地大于 $1M\Omega$。

4）交直流回路之间要求大于 $1M\Omega$。

5）使用触点输出的信号回路对地及之间大于 $1M\Omega$。

6）装置插件各引出线对地及之间大于 $1M\Omega$。

7）非电量跳闸触点之间及对地大于 $10M\Omega$。

8）非电量信号触点之间及对地大于 $10M\Omega$。

（3）保护整组传动试验见证：

1）直流电源用80％额定电压带开关传动，交流电流、电压必须从端子排上通入试验。

2）整组试验应包括本主变压器保护的全部保护装置，以检验本主变压器保护所有保护装置的相互配合及动作的正确性。

3）带开关传动必须在开关检修工作结束前传动；联跳回路必须做好安全措施，联跳回路压板必须全部取下；认真核对跳闸矩阵是否正确，与整定单是否一致。

（4）三相不一致及防跳功能见证：

1）主变压器220kV断路器整定值是否改为0.5s。

2）三相不一致回路是否满足双重化要求。

3）防跳试验手跳回路不小于20s，必须大于弹簧储能时间。

3.1.3 事故异常处理

1. 装置异常

变压器保护装置异常会引起保护拒动、误动等事故，因此需掌握保护装置各信号灯及装置信息，及时发现、判断处理保护装置异常，确保设备安全稳定运行。

2. 二次回路异常

二次回路异常会引起保护拒动、误动等事故，因此需掌握二次回路异常发生的常见原因，结合图纸掌握故障排查等技能，及时发现、判断处理二次回路异常，确保设备安全稳定运行。

（1）控制回路断线：

1）跳闸线圈、合闸线圈烧毁。

2）开关位置辅助触点接触不良。

3）开关机构箱相关闭锁、防跳继电器故障，相关触点黏连。

4）开关机构箱开关控制开关切至"就地"。

5）保护屏、端子箱或机构箱等端子排接线松动。

6）操作箱内部插件故障，"TWJ，HWJ"（跳闸位置继电器、合闸位置继电器）故障。

7）控制电源开关跳开。

（2）TV 断线：

1）对于主变压器 220、110kV 侧，母线隔离开关辅助触点切换不正常、主变压器保护屏上电压切换继电器动作不正常或电压切换压板没有放好。

2）母线失压。

3）电压回路断线。

4）母线电压互感器低压开关跳开。

3. 事故异常处理

（1）针对装置异常及二次回路异常，在进行相关设备检查后应及时汇报工区、调控中心及生产指挥中心，并及时联系检修专业人员进行处理。

（2）针对装置异常引起的保护误动、拒动，应进一步检查一次设备实际状态，查看动作开关实际位置，查找保护范围内的实际故障，并查看相应保护装置、录波装置，同时打印相关报文、录波，结合一、二次设备信息，进行判断，并及时汇报工区、调控中心及生产指挥中心，与调度联系后尽快隔离故障并恢复送电，做好一次设备抢修配合工作。

以 110kV ×× 变电站主变压器保护误动为例：2017 年 8 月 6 日 16：14，调控中心监控值班人员 ×× 告知：110kV ×× 变电站：1 号主变压器第一套差动保护动作，××1024 断路器、110kV 桥开关、1 号主变压器 10kV 断路器跳闸，××1025 断路器合闸。将上述情况汇报工区主管技术及分管领导。16：40，运维人员进所检查发现：1 号主变压器第一套保护一直在出口，1号主变压器第一套保护内部继电器一直在动作，主界面一直在刷屏，1号主变压器及主变压器两侧一次设备无明显异常，汇报调控中心调度、监控值班人员，工区分管领导。17：00，工区分管领导、生技组成员到达现场，协调事故处理，确定故障点隔离方案。17：50，修试人员与调度继保人员到现场检查，初步认定：是1号主变压器第一套保护原因而非一次设备原因导致主变压器跳闸。18：30，事故原因查清：1号主变压器第一套保护装置内部问题，需要厂家到所查明误动原因。18：40，调控中心调度值班员正令：1号主变压器由热备用改为冷备用；110kV桥开关由热备用改为冷备用；××1024线由热备用改为冷备用。19：52，上述任务操作完毕。21：40，东方电子厂家到达现场。2017年8月7日1：00，调控中心调度值班员正令：1号主变压器第一套保护由跳闸改为信号；1：05，上述任务操作完毕。厂家排查保护误动原因。2017年8月8日，开始进行1、2号主变压器第一、二套保护的更换工作，于2017年8月12日更换完成。

3.2　母线保护

3.2.1　概述

220kV母线配置有双重化配置的母线保护，每套保护具有差动、失灵、母联（分段）失灵及死区、母联充电、母联过电流保护功能，母线保护中的母联充电、母联过电流保护功能一般停用。220kV第一套母线保护跳相应断路器第一组跳闸线圈，220kV第二套母线保护跳相应断路器第二组跳闸线圈。220kV母线保护配置见表3-3。

表 3-3　　　　　　　　　　　　220kV 母线保护配置

第一套母线保护屏			第二套母线保护屏		
保护名称		备注	保护名称		备注
差动保护	Ⅰ母差动	跳Ⅰ母	差动保护	Ⅰ母差动	跳Ⅰ母
	Ⅱ母差动	跳Ⅱ母		Ⅱ母差动	跳Ⅱ母
	互联投入	跳Ⅰ、Ⅱ母		互联投入	跳Ⅰ、Ⅱ母
失灵保护	T1	跳母联	失灵保护	T1	跳母联
	T2	跳失灵断路器所连接母线		T2	跳失灵断路器所连接母线
母联（分段）失灵		跳Ⅰ、Ⅱ母	母联（分段）失灵		跳Ⅰ、Ⅱ母
母联死区（并列运行）	T1	跳非故障段母线	母联死区（并列运行）	T1	跳非故障段母线
	T2	跳故障母线		T2	跳故障母线
母联死区（分列运行）	分列压板投入	跳故障段母线	母联死区（分列运行）	分列压板投入	跳故障段母线

110kV 及 35kV 母线保护具有差动、失灵、母联（分段）失灵及死区、母联充电、母联过电流保护功能，母线保护中的母联充电、母联过流和失灵保护功能一般停用。110kV 以及 35kV 母线保护配置见表 3-4。

母线保护和失灵保护出口须经过复合电压闭锁。

表 3-4　　　　　　　　　　　　110kV 以及 35kV 母线保护配置

××kV 母线保护屏		
保护名称		备注
差动保护	Ⅰ母差动	跳Ⅰ母
	Ⅱ母差动	跳Ⅱ母
	互联投入	跳Ⅰ、Ⅱ母
母联（分段）失灵		跳Ⅰ、Ⅱ母
母联死区（并列运行）	T1	跳非故障段母线
	T2	跳故障母线
母联死区（分列运行）	分列压板投入	跳故障段母线

3.2.2　运维管理要求

为进一步推进变电设备主人制工作深化实施，变电运维人员应作为设备全寿命周期管理的落实者，全面开展项目管控、运维管理、检修监管等设备全寿命周期管控业务，确保设备各类设备管理做到凡事有人负责、凡事有人监督、凡事有人闭环。

1. 项目管控要求

项目管控包含可研初设、设联会、图纸交底、项目验收等环节，在可研初设环节需重点关注保护配置原则，在设联会环节需重点关注选用的设备厂家是否符合运行、反措等要求，在图纸交底阶段需重点关注设备之间的关联是否满足运行、反措等要求，在项目验收环节应重点关注设备功能是否完整正确，无缺陷异常，装置整定无误。

（1）可研初设：

1）220kV 母线保护均按双重化配置。

2）双重化的 220kV 母线保护采用不同厂家设备。

3）间隔合并单元、智能终端宜采用与本间隔对应的保护同厂家设备。

（2）设联会：

1）220kV 母线保护应按不同厂家、不同原理配置。

2）母线保护应具备足够的接入接口。

3）母线保护应按系统最终规模配置，并确定过渡过程实施方案。

（3）图纸交底：

1）220kV 母差保护：

a. 母差保护应按照最大化要求配置虚端子。

b. 间隔分配应符合母差保护的要求，特别关注母联、分段、主变压器间隔是否有特别规定，并考虑远景扩建的施工方案合理性。

c. 母差保护与其他保护配合回路完整、正确（启失灵、发远跳、闭锁线路重合闸、解复压、主变压器联跳、闭锁备自投等）。

d. 母差保护除通过间隔智能终端向线路保护转发闭锁重合闸信号外，宜直接向线路保护发闭锁重合闸信号。

e. 母差保护跳智能终端、发远跳、闭锁线路重合闸应采用同一 GOOSE 出口虚端子。

f. 母差保护应接入母联（分段）断路器位置触点及手合瞬动触点。

g. 重要信号是否接入监控系统：保护动作、装置告警、装置闭锁、互联、分列。

2）110kV 母差保护：110kV 母差保护应按远景配置，本期未上齐的，应关注母差保护过渡期实施方案（如母差保护内第三段母线电压应引入否会长期报互联影响监控等问题）。

3）35kV 母差保护：

a. 电流互感器绕组接法应避免保护死区。

b. 母差保护间隔分配符合母差保护的要求，特别关注母联、分段、主变压器间隔是否有特别规定，并考虑远景扩建的施工方案合理。

c. 母差保护应接入分段断路器位置触点及手合瞬动触点。

d. 母差保护为常规电缆采样，应配置大电流试验端子屏。

e. 母差保护应有闭锁低压备自投回路，并应经硬压板控制。

（4）项目验收：

1）就地监控系统界面及功能正常（确认后台及主站是否有异常信号）。

2）继电保护及自动化设备现场标签齐全及正确、继电保护及自动化设备台账信息完整及正确、防火封堵完好，并按验收要求做好相关验收记录。

3）根据继电保护及自动化设备情况及时修订现场典票和规程，并对其正确性负责。

2. 运维管理要求

运维管理包含巡视、维护、操作等环节，在巡视时需重点关注装置是否有异常告警信号，是否满足反措要求，在维护时需重点关注装置运行环境，包括温湿度、防小动物等，在操作时需重点关注装置信息，测量出口压板。

母线保护：

1）220kV 母线无母差保护时，严禁安排该母线及相关元件的倒闸操作。

2）双母线接线方式，当一条母线退出运行时，母线保护应正常投入，且母线保护二次回路不允许有工作。

3）母线保护电流回路设备更换或二次回路变更后（如更换电流互感器、电流互感器二次回路检修、更换电流互感器端子箱、新间隔接入等），母线保护须带负荷测试、极性分析正确、隔离开关位置及失灵传动正确后方可投入运行。

4）例行巡视设备时，应检查装置所有隔离开关切换指示灯与一次隔离开关的位置对应。

5）母线分列运行时，母线保护正常运行，通过母联或分段向另一条母线充电时，母线保护不得停用，上述情况互联压板均不得投入。

6）倒母线前必须先投入手动互联压板，再停用母联断路器的控制电源，使母线强制互联，倒母线完成后，合上母联断路器的控制电源，停用手动互联压板。

7）母线分列运行时，母联（分段）断路器分闸后投入母线保护分列运行压板，母联（分段）断路器合闸前将其停用。

8）母线保护退出是指停用该套母线保护出口跳各断路器的压板（若失灵保护与母线保护共用出口，当母线保护退出时，失灵保护同时退出运行）。

9）断路器改为冷备用时，应退出该断路器相关失灵压板。

3. 检修监管要求

检修监管包含外观检查、二次回路绝缘测试见证、保护整组传动试验功能见证等内容，在外观检查时需重点关注装置、端子排清洁，无受潮、积尘，且一个端子最多并接两芯；二次回路绝缘测试见证重点关注测试数据是否符合要求；保护整组传动试验见证重点关注保护装置的相互配合及动作的正确性。

（1）外观检查：

1）保护屏的外形应端正，无机械损伤及变形现象。

2）各构成装置应固定良好，无松动现象。

3）各装置端子排的连接应可靠，所置标号应正确、清晰。

4）保护屏内的保护装置的各组件应完好无损，其交、直流额定值及辅助电流变换器的参数应与设计一致；各组件应插拔自如、接触可靠，组件上无跳线，组件上的焊点应光滑、无虚焊。

5）复归按钮、电源开关的通断位置应明确且操作灵活；装置内外应清洁，无受潮、积尘，清扫电路板及屏柜内端子排上的灰尘。

（2）二次回路绝缘测试见证：

1）交流电流回路对地大于 1MΩ。

2）交流电压回路对地大于 1MΩ。

3）直流电源回路对地大于 1MΩ。

4）直流信号回路之间要求大于 1MΩ。

5）直流输出回路对地及之间大于 1MΩ。

6）跳闸触点之间大于 1MΩ。

（3）保护整组传动试验见证：

1）直流电源用 80% 额定电压带开关传动，交流电流、电压必须从端子排上通入试验。

2）保护整组传动试验对保护直流回路上的各分支回路（包括直流保护回路、出口回路、信号回路及遥信回路）进行认真的传动，检查各直流回路接线的正确性。

3）联跳回路压板必须全部取下，认真核对跳闸矩阵是否正确，与整定单是否一致。

3.2.3 事故异常处理

1. 装置异常

保护装置异常会引起保护拒动、误动等事故，因此需掌握保护装置各信号灯及装置信息，及时发现、判断处理保护装置异常，确保设备安全稳定运行。

2. 二次回路异常

二次回路异常会引起保护拒动、误动等事故，因此需掌握二次回路异常发生的常见原因，结合图纸掌握故障排查等技能，及时发现、判断处理二次回路异常，确保设备安全稳定运行。

（1）TA 断线：当差电流大于 TA 断线定值，延时 9s 发 TA 断线告警信号，同时闭锁母差保护。电流回路正常后，0.9s 自动恢复正常运行。

（2）TV 断线：①电压输入低压开关跳开；②母线失压；③电压回路断线。当某一段非空母线失去电压，延时 9s 发 TV 断线告警信号。除了该段母线的复合电压元件将一直动作外，对保护没有影响。

（3）开入异常：装置引入隔离开关的辅助触点实现对母线运行方式的自适应。同时用各支路电流分布来校验隔离开关辅助触点的正确性。当发现隔离开关辅助触点状态与实际不符，即发出"开入异常"告警信号，在状态确定的情况下自动修正错误的隔离开关触点。隔离开关辅助触点恢复正确后需复归信号才能解除修正。如有多个隔离开关辅助触点同时出错，则装置可能无法全部修正，需要操作"运行方式设置"菜单进行强制设定，直到隔离开关辅助触点检修完毕后取消强制。

3. 事故异常处理

（1）当出现下列情况时，应立即退出母线保护：①差动回路二次差电流出现明显异常；②回路出现电流断线信号。

（2）针对装置异常及二次回路异常，在进行相关设备检查后应及时汇报工区、调控中心及生产指挥中心，并及时联系检修专业人员进行处理。

（3）针对装置异常引起的保护误动、拒动，应进一步检查一次设备实际状态，查看动作开关实际位置，查找保护范围内的实际故障，并查看相应保护装置、录波装置，同时打印相关报文、录波，结合一、二次设备信息，进行判断，并及时汇报工区、调控中心及生产指挥中心，与调度联系后尽快隔离故障并恢复送电，做好一次设备抢修配合工作。

3.3　线路保护

3.3.1　概述

220kV 线路保护：一般按照双重化原则配置两套全线速动线路保护，包括光纤差动或高频保护、距离保护、零序保护和自动重合闸装置等。220kV 线路保护配置见表 3-5。

110kV 线路保护：一般配置由三段式相间距离保护和接地距离保护、四段式零序方向过电流保护组成，配有三相一次重合闸。110kV 线路保护配置见表 3-6。

35kV 线路保护：一般配置三段式相间距离保护和接地距离保护、三段式过电流保护，并配有三相一次重合闸。10kV 线路保护：一般为两段式或三段式过电流保护，并配有三相一次重合闸。35kV 及 10kV 线路保护配置见表 3-7。

表 3-5　　　　　　　　　　　220kV 线路保护配置

| 第一套线路保护屏 | | 第二套线路保护屏 | |
保护名称	备注	保护名称	备注
主保护　差动保护	全线保护	主保护　差动保护	全线保护
后备保护　距离保护	相间及接地共Ⅲ段	后备保护　距离保护	相间及接地共Ⅲ段
零序保护	共Ⅳ段	零序保护	共Ⅳ段
自动重合闸	一般投"单相"重合闸	自动重合闸	一般投"单相"重合闸

表 3-6　　　　　　　　　　　110kV 线路保护配置

| 线路保护屏 | |
保护名称	备注
主保护　距离保护	相间及接地共Ⅲ段
零序保护	共Ⅳ段
自动重合闸	三相重合闸

表 3-7 35kV 及 10kV 线路保护配置

线路保护屏		
保护名称		备注
主保护	距离保护	共Ⅲ段
	过电流保护	共Ⅲ段
自动重合闸	三相重合闸	
低周减载	根据"整定单"投退	

3.3.2 运维管理要求

为进一步推进变电设备主人制工作深化实施,变电运维人员应作为设备全寿命周期管理的落实者,全面开展项目管控、运维管理、检修监管等设备全寿命周期管控业务,确保各类设备管理做到凡事有人负责、凡事有人监督、凡事有人闭环。

1. 项目管控要求

项目管控包含可研初设、设联会、图纸交底、项目验收等环节,在可研初设环节需重点关注保护配置原则,在设联会环节需重点关注选用的设备厂家是否符合运行、反措等要求,在图纸交底阶段需重点关注设备之间的关联是否满足运行、反措等要求,在项目验收环节应重点关注设备功能是否完整正确,无缺陷异常,装置整定无误。

(1) 可研初设:

1) 220kV 线路保护均按双重化配置。

2) 双重化的 220kV 线路保护采用不同厂家设备。

3) 间隔合并单元、智能终端宜采用与本间隔对应的保护同厂家设备。

4) 220kV 线路配置双套光纤差动保护。如因通道条件限制等原因需采用高频通道的,应专题分析,并经省调书面同意。

5) 220kV 线路光纤差动保护,两套均采用双通道模式,安排 4 条线路保护通信传输通道。第一套和第二套保护 A 口宜采用专用纤芯保护通道;第一套和第二套保护 B 口宜采用复用光纤保护通道。

(2) 设联会:

1) 双重化配置的两套 220kV 线路保护应按不同厂家、不同原理配置。

2) 220kV 线路两侧应配置型号一致、软件版本一致的分相电流差动保护,按双重化配置,每套保护应包含完整的主保护和后备保护功能,装置宜同时具备专用纤芯和复用 2Mb/s 接口。

3) 双通道线路保护应按装置设置通道识别码,保护装置自动区分不同通道。

4) 110kV 线路保护配置保护包括完整的阶段式距离及零序过电流保护,并具备三相重合闸功能、测控功能。

5）35（10）kV 系统采用保护与测控合一的综合装置。35（10）kV 综合装置的保护电流和测量电流均应独立采样。保护与测控设备应配套带有操作箱，提供完善的跳合闸操作回路、防跳回路及相应的告警与闭锁回路。

（3）图纸交底：

1）每条 220kV 输电线路应安排 4 条线路保护通信传输通道。第一套和第二套保护 A 口采用专用纤芯保护通道；第一套和第二套保护 B 口宜采用复用光纤保护通道。

2）跳位监视回路应与合闸回路分开接入断路器机构的对应接入点。

3）断路器机构两组分闸回路应完全独立，包括总闭锁回路。

4）线路保护的"闭锁重合闸"开入应接入智能终端"闭锁重合闸"开出。该信号是智能终端的一个逻辑组合信号，包括手跳、遥跳、保护跳闸（TJF、TJR）、上电 500ms 内、另一套智能终端闭重信号等。

5）线路保护的"低气压闭锁重合闸"开入，应接入智能终端的"压力低（弹簧未储能）闭锁重合闸"开出。该信号应反映断路器储能元件异常，断路器应提供两副独立触点给两套智能终端使用。

6）部分线路保护采用"永跳"开出至智能终端"TJR 闭重三跳"开入，此时可不接保护"闭锁重合闸"开出回路。部分保护没有"永跳"开出，则必须接保护"闭锁重合闸"开出去智能终端"闭锁重合闸"开入回路。

7）断路器机构异常（SF_6 压力低、弹簧未储能等），闭锁分合闸功能由机构本体实现，智能终端中的压力低闭锁分合闸回路（功能），应可靠取消。

8）防跳功能由断路器机构本体实现，智能终端中的防跳功能应可靠取消，三相不一致跳闸功能由断路器本体实现。

9）智能终端操作回路跳合闸电流应与断路器机构匹配。合闸回路保持电流应与断路器机构防跳继电器动作电流配合。

10）110kV 线路保护"控制回路断线闭锁重合闸"开入应接入智能终端的"控制回路断线闭锁重合闸"开出。智能终端外部回路应能正确反应控制回路断线。线路保护的这个开入应带延时。110kV 线路保护应根据厂家技术要求，如需接入"HWJ""TWJ"，则应正确接入对应触点。如需接入合后位置，则应从智能终端接入对应触点。

（4）项目验收：

1）就地监控系统界面及功能正常（确认后台及主站是否有异常信号）。

2）继电保护及自动化设备现场标签齐全及正确、继电保护及自动化设备台账信息完整及正确、防火封堵完好，并按验收要求做好相关验收记录。

3）根据继电保护及自动化设备情况及时修订现场典票和规程，并对其正确性负责。

2. 运维管理要求

运维管理包含巡视、维护、操作等环节，在巡视时需重点关注装置是否有异常告警信号，是否满足反措要求，在维护时需重点关注装置运行环境，包括温湿度、防小动物等，在操作时需重点关注装置信息，测量出口压板。

线路保护：

（1）220kV 线路投入运行前，两侧保护、重合闸均应按规定投入运行，然后进行送电操作。对于新投线路应按照投运方案进行操作。

（2）线路两侧保护的纵联功能必须同时投入或退出。

（3）220kV 系统线路一般采用单重方式，全电缆线路重合闸停用，电缆架空混合线路重合闸方式由线路管理部门确定，仅单侧配置保护的送终端线路采用三重方式（相间故障不重）。省调许可和地调代管线路的重合闸方式，由地调确定并上报省调备案。

（4）下列情况下，应退出重合闸：试运行的线路送电时；断路器切断电流可能小于短路故障电流；断路器切断故障次数超过规定且未检修；断路器本身有明显故障或存在严重问题；线路带电作业要求退出；重合于永久性故障可能对系统稳定造成严重后果；使用单相重合闸的线路无全线快速保护投入运行；其他特殊规定时。

3. 检修监管要求

检修监管包含外观检查、二次回路绝缘测试见证、保护整组传动试验、三相不一致及防跳功能见证等内容，在外观检查时需重点关注装置、端子排清洁，无受潮、积尘，且一个端子最多并接两芯；二次回路绝缘测试见证重点关注测试数据是否符合要求；保护整组传动试验见证重点关注保护装置的相互配合及动作的正确性。

（1）外观检查：

1）保护屏的外形应端正，无机械损伤及变形现象。

2）各构成装置应固定良好，无松动现象。

3）各装置端子排的连接应可靠，所置标号应正确、清晰。

4）保护屏内的保护装置的各组件应完好无损，其交、直流额定值及辅助电流变换器的参数应与设计一致；各组件应插拔自如、接触可靠，组件上无跳线，组件上的焊点应光滑、无虚焊。

5）复归按钮、电源开关的通断位置应明确且操作灵活；装置内外应清洁，无受潮、积尘，清扫电路板及屏柜内端子排上的灰尘。

6）本保护的电压二次回路 N600 与母设电压互感器电压二次回路 N600 的连接良好。

（2）二次回路绝缘测试见证：

1）交流电流回路对地大于 $1M\Omega$。

2）交流电压回路对地大于 $1M\Omega$。

3）直流电压回路对地大于 $1M\Omega$。

4）交电流、电压回路与直流回路之间要求大于 $1M\Omega$。

5）装置插件各引出线对地及之间大于 $1M\Omega$。

（3）保护整组传动试验见证：

1）直流电源用 80% 额定电压下带开关传动，交流电流、电压必须从端子排上通入试验。

2）整组试验应包括本保护的全部保护装置，以检验本保护所有保护装置的相互配合及动作的正确性。

3）带开关传动必须在开关检修工作结束前传动；认真核对跳闸矩阵是否正确，与整定单是否一致。

（4）三相不一致及防跳功能见证：

1）线路断路器整定值是否为 2.5s。

2）三相不一致回路是否满足双重化要求。

3）防跳试验手跳回路不小于 20s，必须大于弹簧储能时间。

3.3.3 事故异常处理

1. 装置异常

保护装置异常会引起保护拒动、误动等事故，因此需掌握保护装置各信号灯及装置信息，及时发现、判断处理保护装置异常，确保设备安全稳定运行。

2. 二次回路异常

二次回路异常会引起保护拒动、误动等事故，因此需掌握二次回路异常发生的常见原因，结合图纸掌握故障排查等技能，及时发现、判断处理二次回路异常，确保设备安全稳定运行。

（1）通道异常：纵联保护双通道其中一个通道异常时，可不退出保护但应加强监视，汇报调控中心后由检修人员处理。双通道同时异常或单通道发生异常时，应根据调控指令同时退出线路两侧的纵联保护。复用光纤通信接口装置应与光纤通道同时投入或退出。复用光纤通道出现异常时，除检查相应保护装置外，还应检查通信接口装置光、电告警灯是否异常。

（2）控制回路断线：

1）跳闸线圈、合闸线圈烧毁。

2）开关位置辅助触点接触不良。

3）开关机构箱相关闭锁、防跳继电器故障，相关触点黏连。

4）开关机构箱开关控制开关切至"就地"。

5）保护屏、端子箱或机构箱等端子排接线松动。

6）操作箱内部插件故障，"TWJ，HWJ"故障。

7）控制电源开关跳开。

（3）TV 断线：

1）电压输入低压开关跳开。

2）母线失压。

3）电压回路断线。

4）电压切换回路异常。

3. 事故异常处理

（1）针对装置异常及二次回路异常，在进行相关设备检查后应及时汇报工区、调控中心及生产指挥中心，并及时联系检修专业人员进行处理。

（2）针对装置异常引起的保护误动、拒动，应进一步检查一次设备实际状态，查看动作开关实际位置，查找保护范围内的实际故障，并查看相应保护装置、录波装置，同时打印相关报文、录波，结合一、二次设备信息，进行判断，并及时汇报工区、调控中心及生产指挥中心，与调度联系后尽快隔离故障并恢复送电，做好一次设备抢修配合工作。

3.4 电容器保护

3.4.1 概述

并联电容器保护单套配置，具备速切/过电流、低电压/过电压、不平衡保护/差压保护等功能，并能够实现保护、测控一体化。电容器保护配置见表 3-8。

表 3-8　　　　　　　　　　　　电容器保护配置

电容器保护		
保护名称		备注
保护	过电流保护	共Ⅱ段
	过电压保护	
	低电压保护	
	不平衡保护/差压保护	

3.4.2 运维管理要求

为进一步推进变电设备主人制工作深化实施，变电运维人员应作为设备全寿命周期管理的落实者，全面开展项目管控、运维管理、检修监管等设备全寿命周期管控业务，确保各类设备管理做到凡事有人负责、凡事有人监督、凡事有人闭环。

1. 项目管控要求

项目管控包含可研初设、设联会、图纸交底、项目验收等环节，在可研初设环节需重点关注保护配置原则，在设联会环节需重点关注选用的设备厂家是否符合运行、反措等要求，在图纸交底阶段需重点关注设备之间的关联是否满足运行、反措等要求，验收应重点关注设备功能是否完整正确，无缺陷异常，装置整定无误。

（1）可研初设：电容器保护测控一体装置。

（2）设联会：

1）电容器保护配置应与本体一次设备配置一致。

2）电容器、电抗器、站用变压器本体非电量保护动作应发信。

（3）图纸交底：

1）明确采用不平衡电压保护还是差压保护。

2）电压取法是否合适。

（4）项目验收：

1）就地监控系统界面及功能正常（确认后台及主站是否有异常信号）。

2）继电保护及自动化设备现场标签齐全及正确、继电保护及自动化设备台账信息完整及正确、防火封堵完好，并按验收要求做好相关验收记录。

3）根据继电保护及自动化设备情况及时修订现场典票和规程，并对其正确性负责。

2. 运维管理要求

运维管理包含巡视、维护、操作等环节，在巡视时需重点关注装置是否有异常告警信号，是否满足反措要求，在维护时需重点关注装置运行环境，包括温湿度、防小动物等，在操作时需重点关注装置信息，测量出口压板。

电容器保护：

（1）正常运行时，装置面板上信号灯应指示正确、无异常报警，各运行参数在正常范围内。

（2）"置检修状态"压板在设备检修时投入，此时屏蔽所有信号到后台操作员站；在设备进行验收时，应退出该压板，进行相应的信号核对工作。

（3）修改定值时，运维人员应先向调度申请退出保护出口压板后才能进行定值修改工作，修改完毕，双方检查核实无误后并签名，再向调度申请投入保护出口压板。

3. 检修监管要求

检修监管包含外观检查、二次回路绝缘测试见证、保护整组传动试验以及防跳功能见证等内容，在外观检查时需重点关注装置、端子排清洁，无受潮、积尘，且一个端子最多并接两芯；二次回路绝缘测试见证重点关注测试数据是否符合要求；保护整组传动试验见证重点关注保护装置的相互配合及动作的正确性。

（1）外观检查：

1）保护屏的外形应端正，无机械损伤及变形现象。

2）各构成装置应固定良好，无松动现象。

3）各装置端子排的连接应可靠，所置标号应正确、清晰。

4）保护屏内的保护装置的各组件应完好无损，其交、直流额定值及辅助电流变换器的参数应与设计一致；各组件应插拔自如、接触可靠，组件上无跳线，组件上的焊点应光滑、无虚焊。

5）复归按钮、电源开关的通断位置应明确且操作灵活；装置内外应清洁，无受潮、积尘，清扫电路板及屏柜内端子排上的灰尘。

6）本保护的电压二次回路 N600 与母设电压互感器电压二次回路 N600 的连接良好。

（2）二次回路绝缘测试见证：

1）交流电流回路对地大于 1MΩ。

2）交流电压回路对地大于 1MΩ。

3）直流电压回路对地大于 1MΩ。

4）交电流、电压回路与直流回路之间要求大于 1MΩ。

5）装置插件各引出线对地及之间大于 1MΩ。

（3）保护整组传动试验见证：

1）直流电源用 80％额定电压带开关传动，交流电流、电压必须从端子排上通入试验。

2）整组试验应对保护直流回路上的各分支回路（包括直流控制回路、保护回路、出口回路、信号回路及遥信回路）进行认真的传动，检查各直流回路接线的正确性。

3）带开关传动必须在开关检修工作结束前传动；认真核对跳闸矩阵是否正确，与整定单是否一致。

（4）防跳功能见证：防跳试验手跳回路不小于 20s，必须大于弹簧储能时间。

3.4.3 事故异常处理

1. 装置异常

保护装置异常会引起保护拒动、误动等事故，因此需掌握保护装置各信号灯及装置信息，及时发现、判断处理保护装置异常，确保设备安全稳定运行。

2. 二次回路异常

二次回路异常会引起保护拒动、误动等事故，因此需掌握二次回路异常发生的常见原因，结合图纸掌握故障排查等技能，及时发现、判断处理二次回路异常，确保设备安全稳定运行。

（1）控制回路断线：

1）跳闸线圈、合闸线圈烧毁。

2）开关位置辅助触点接触不良。

3）开关机构箱相关闭锁、防跳继电器故障，相关触点黏连。

4）操作箱内部插件故障，"TWJ，HWJ"故障。

5）保护屏、端子箱或机构箱等端子排接线松动。

6）控制电源开关跳开。

（2）TV断线：

1）电压输入低压开关跳开。

2）母线失压。

3）电压回路断线。

3. 事故异常处理

（1）电容器组保护动作后严禁立即试送，应立即进行现场检查，查明保护动作情况，并汇报调控中心。电流保护动作未经查明原因并消除故障前，不得对电容器送电。系统电压波动致使电容器跳闸时，必须5min后才允许试送。电容器运行中，若发生差压保护动作，应立即汇报调控中心由检修人员处理。差压保护动作恢复送电前应确证差压继电器动作信号已复归。

（2）针对装置异常及二次回路异常，在进行相关设备检查后应及时汇报工区、调控中心及生产指挥中心，并及时联系检修专业人员进行处理。

（3）针对装置异常引起的保护误动、拒动，应进一步检查一次设备实际状态，查看动作开关实际位置，查找保护范围内的实际故障，并查看相应保护装置、录波装置，同时打印相关报文、录波，结合一、二次设备信息，进行判断，并及时汇报工区、调控中心及生产指挥中心，与调度联系后尽快隔离故障并恢复送电，做好一次设备抢修配合工作。

3.5　电抗器保护

3.5.1　概述

并联电抗器保护单套配置，电气量保护一般具备过电流、欠电压、过负荷等功能。

油浸式低压电抗器保护还配备有非电气量保护，包括：重瓦斯、压力释放、轻瓦斯、线温高、油温高、油位异常等功能。非电气量保护中一般重瓦斯投跳闸，其余均发信号。

电抗器保护配置见表 3-9。

表 3-9　　　　　　　　　　　　　电 抗 器 保 护 配 置

电容器保护		
保护名称		备注
非电量保护	重瓦斯	
电气量保护	过电流	共 Ⅱ 段

3.5.2　运维管理要求

为进一步推进变电设备主人制工作深化实施，变电运维人员应作为设备全寿命周期管理的落实者，全面开展项目管控，运维管理，检修监管等设备全寿命周期管控业务，确保各类设备管理做到凡事有人负责、凡事有人监督、凡事有人闭环。

1. 项目管控要求

项目管控包含可研初设、设联会、图纸交底、项目验收等环节，在可研初设环节需重点关注保护配置原则，在设联会环节需重点关注选用的设备厂家是否符合运行、反措等要求，在图纸交底阶段需重点关注设备之间的关联是否满足运行、反措等要求，在项目验收环节应重点关注设备功能是否完整正确，无缺陷异常，装置整定无误。

（1）可研初设：电抗器保护测控一体装置。

（2）设联会：

1）电容器保护配置应与本体一次设备配置一致。

2）电容器、电抗器、站用变压器本体非电量保护动作应发信。

3）35kV 保护配置应满足设计要求，如：电抗器负荷侧应配置断路器，电抗器保护应相应配置低电流保护。

（3）图纸交底：电抗器非电量保护动作信号应接入智能终端非电量保护跳闸专用端

子，非电量保护动作后输出非电量保护动作信号。

（4）项目验收：

1）就地监控系统界面及功能正常（确认后台及主站是否有异常信号）。

2）继电保护及自动化设备现场标签齐全及正确、继电保护及自动化设备台账信息完整及正确、防火封堵完好，并按验收要求做好相关验收记录。

3）根据继电保护及自动化设备情况及时修订现场典票和规程，并对其正确性负责。

2. 运维管理要求

运维管理包含巡视、维护、操作等环节，在巡视时需重点关注装置是否有异常告警信号，是否满足反措要求，在维护时需重点关注装置运行环境，包括温湿度、防小动物等，在操作时需重点关注装置信息，测量出口压板。

电抗器保护：

（1）正常运行时，装置面板上信号灯应指示正确、无异常报警，各运行参数在正常范围内。

（2）"置检修状态"压板在设备检修时投入，此时，屏蔽所有信号到后台操作员站；在设备进行验收时，应退出该压板，进行相应的信号核对工作。

（3）修改定值时，运维人员应先向调度申请退出保护出口压板后才能进行定值修改工作，修改完毕，双方检查核实无误后并签名，再向调度申请投入保护出口压板。

3. 检修监管要求

检修监管包含外观检查、二次回路绝缘测试见证、保护整组传动试验以及防跳功能见证等内容，在外观检查时需重点关注装置、端子排清洁，无受潮、积尘，且一个端子最多并接两芯；二次回路绝缘测试见证重点关注测试数据是否符合要求；保护整组传动试验见证重点关注保护装置的相互配合及动作的正确性。

（1）外观检查：

1）保护屏的外形应端正，无机械损伤及变形现象。

2）各构成装置应固定良好，无松动现象。

3）各装置端子排的连接应可靠，所置标号应正确、清晰。

4）保护屏内保护装置的各组件应完好无损，其交、直流额定值及辅助电流变换器的参数应与设计一致；各组件应插拔自如、接触可靠，组件上无跳线，组件上的焊点应光滑、无虚焊。

5）复归按钮、电源开关的通断位置应明确且操作灵活；装置内外应清洁，无受潮、积尘，清扫电路板及屏柜内端子排上的灰尘。

6）本保护的电压二次回路 N600 与母设电压互感器电压二次回路 N600 的连接

良好。

（2）二次回路绝缘测试见证：

1）交流电流回路对地大于 $1M\Omega$。

2）交流电压回路对地大于 $1M\Omega$。

3）直流电压回路对地大于 $1M\Omega$。

4）交电流、电压回路与直流回路之间要求大于 $1M\Omega$。

5）装置插件各引出线对地及之间大于 $1M\Omega$。

（3）保护整组传动试验见证：

1）直流电源用 80％额定电压带开关传动，交流电流、电压必须从端子排上通入试验。

2）整组试验应对保护直流回路上的各分支回路（包括直流控制回路、保护回路、出口回路、信号回路及遥信回路）进行认真的传动，检查各直流回路接线的正确性。

3）带开关传动必须在开关检修工作结束前传动；认真核对跳闸矩阵是否正确，与整定单是否一致。

（4）防跳功能见证：防跳试验手跳回路不小于 20s，必须大于弹簧储能时间。

3.5.3　事故异常处理

1. 装置异常

保护装置异常会引起保护拒动、误动等事故，因此需掌握保护装置各信号灯及装置信息，及时发现、判断处理保护装置异常，确保设备安全稳定运行。

2. 二次回路异常

二次回路异常会引起保护拒动、误动等事故，因此需掌握二次回路异常发生的常见原因，结合图纸掌握故障排查等技能，及时发现、判断处理二次回路异常，确保设备安全稳定运行。

（1）控制回路断线：

1）跳闸线圈、合闸线圈烧毁。

2）开关位置辅助触点接触不良。

3）开关机构箱相关闭锁、防跳继电器故障，相关触点黏连。

4）操作箱内部插件故障，"TWJ，HWJ"故障。

5）保护屏、端子箱或机构箱等端子排接线松动。

6）控制电源开关跳开。

（2）TV 断线：

1）电压输入低压开关跳开。

2）母线失压。

3）电压回路断线。

3. 事故异常处理

（1）针对装置异常及二次回路异常，在进行相关设备检查后应及时汇报工区、调控中心及生产指挥中心，并及时联系检修专业人员进行处理。

（2）针对装置异常引起的保护误动、拒动，应进一步检查一次设备实际状态，查看动作开关实际位置，查找保护范围内的实际故障，并查看相应保护装置、录波装置，同时打印相关报文、录波，结合一、二次设备信息，进行判断，并及时汇报工区、调控中心及生产指挥中心，与调度联系后尽快隔离故障并恢复送电，做好一次设备抢修配合工作。

3.6 站用变压器（接地变压器）保护

3.6.1 概述

对于高压侧采用断路器的站用变压器，高压侧宜设置电流速断保护和过电流保护。电抗器保护配置见表3-10。

表 3-10 电 抗 器 保 护 配 置

电容器保护		
保护名称		备注
保护	过电流	共Ⅱ段

3.6.2 运维管理要求

为进一步推进变电设备主人制工作深化实施，变电运维人员应作为设备全寿命周期管理的落实者，全面开展项目管控、运维管理、检修监管等设备全寿命周期管控业务，确保各类设备管理做到凡事有人负责、凡事有人监督、凡事有人闭环。

1. 项目管控要求

项目管控包含可研初设、设联会、图纸交底、项目验收等环节，在可研初设环节需重点关注保护配置原则，在设联会环节需重点关注选用的设备厂家是否符合运行、反措等要求，在图纸交底阶段需重点关注设备之间的关联是否满足运行、反措等要求，在项目验收环节应重点关注设备功能是否完整正确，无缺陷异常，装置整定无误。

（1）可研初设：站用变压器保护测控一体装置。

（2）设联会：站用变压器本体非电量保护动作应发信。

（3）图纸交底：站用变压器保护接入高低压侧电流互感器时，应注意所采用的变比是否合适。

（4）项目验收：

1）就地监控系统界面及功能正常（确认后台及主站是否有异常信号）。

2）继电保护及自动化设备现场标签齐全及正确、继电保护及自动化设备台账信息完整及正确、防火封堵完好，并按验收要求做好相关验收记录。

3）根据继电保护及自动化设备情况及时修订现场典票和规程，并对其正确性负责。

2. 运维管理要求

运维管理包含巡视、维护、操作等环节，在巡视时需重点关注装置是否有异常告警信号，是否满足反措要求，在维护时需重点关注装置运行环境，包括温湿度、防小动物等，在操作时需重点关注装置信息，测量出口压板。

站用变压器保护：

（1）正常运行时，装置面板上信号灯应指示正确、无异常报警，各运行参数在正常范围内。

（2）"置检修状态"压板在设备检修时投入，此时，屏蔽所有信号到后台操作员站；在设备进行验收时，应退出该压板，进行相应的信号核对工作。

（3）修改定值时，运维人员应先向调度申请退出保护出口压板后才能进行定值修改工作，修改完毕，双方检查核实无误后并签名，再向调度申请投入保护出口压板。

3. 检修监管要求

检修监管包含外观检查、二次回路绝缘测试见证、保护整组传动试验以及防跳功能见证等内容，在外观检查时需重点关注装置、端子排清洁，无受潮、积尘，且一个端子最多并接两芯；二次回路绝缘测试见证重点关注测试数据是否符合要求；保护整组传动试验见证重点关注保护装置的相互配合及动作的正确性。

（1）外观检查：

1）保护屏的外形应端正，无机械损伤及变形现象。

2）各构成装置应固定良好，无松动现象。

3）各装置端子排的连接应可靠，所置标号应正确、清晰。

4）保护屏内的保护装置的各组件应完好无损，其交、直流额定值及辅助电流变换器的参数应与设计一致；各组件应插拔自如、接触可靠，组件上无跳线，组件上的焊点应光滑、无虚焊。

5）复归按钮、电源开关的通断位置应明确且操作灵活；装置内外应清洁，无受潮、

积尘，清扫电路板及屏柜内端子排上的灰尘。

6）本保护的电压二次回路 N600 与母设电压互感器电压二次回路 N600 的连接良好。

（2）二次回路绝缘测试见证：

1）交流电流回路对地大于 1MΩ。

2）交流电压回路对地大于 1MΩ。

3）直流电压回路对地大于 1MΩ。

4）交电流、电压回路与直流回路之间要求大于 1MΩ。

5）装置插件各引出线对地及之间大于 1MΩ。

（3）保护整组传动试验见证：

1）直流电源用 80％额定电压带开关传动，交流电流、电压必须从端子排上通入试验。

2）整组试验应对保护直流回路上的各分支回路（包括直流控制回路、保护回路、出口回路、信号回路及遥信回路）进行认真的传动，检查各直流回路接线的正确性。

3）带开关传动必须在开关检修工作结束前传动；认真核对跳闸矩阵是否正确，与整定单是否一致。

（4）防跳功能见证：防跳试验手跳回路不小于 20s，必须大于弹簧储能时间。

3.6.3　事故异常处理

1. 装置异常

保护装置异常会引起保护拒动、误动等事故，因此需掌握保护装置各信号灯及装置信息，及时发现、判断处理保护装置异常，确保设备安全稳定运行。

2. 二次回路异常

二次回路异常会引起保护拒动、误动等事故，因此需掌握二次回路异常发生常见原因，结合图纸掌握故障排查等技能，及时发现、判断处理二次回路异常，确保设备安全稳定运行。

（1）控制回路断线：

1）跳闸线圈、合闸线圈烧毁。

2）开关位置辅助触点接触不良。

3）开关机构箱相关闭锁、防跳继电器故障，相关触点黏连。

4）操作箱内部插件故障，"TWJ，HWJ"故障。

5）保护屏、端子箱或机构箱等端子排接线松动。

6）控制电源开关跳开。

（2）TV断线：

1）电压输入低压开关跳开。

2）母线失压。

3）电压回路断线。

3. 事故异常处理

（1）针对装置异常及二次回路异常，在进行相关设备检查后应及时汇报工区、调控中心及生产指挥中心，并及时联系检修专业人员进行处理。

（2）针对装置异常引起的保护误动、拒动，应进一步检查一次设备实际状态，查看动作开关实际位置，查找保护范围内的实际故障，并查看相应保护装置、录波装置，同时打印相关报文、录波，结合一、二次设备信息，进行判断，并及时汇报工区、调控中心及生产指挥中心，与调度联系后尽快隔离故障并恢复送电，做好一次设备抢修配合工作。

3.7 安全稳定自动装置

3.7.1 概述

安全稳定自动装置是用于防止电力系统稳定破坏、防止电力系统事故扩大、防止电网崩溃及大面积停电以及恢复电力系统正常的各种自动装置的总称，如电网安全稳定控制装置、自动重合闸、备用电源或备用设备自动投入、自动切负荷、低频和低压自动减载等。安全自动装置应满足可靠性、选择性、灵敏性和速动性的要求。

电网安全稳定控制系统是由两个及以上分布于不同厂站的稳定控制装置通过通信联系组成的系统，可实现区域或更大范围的系统安全稳定控制。组成电网安全稳定控制系统的各站装置，按其在系统中发挥的控制功能进行分类，一般可分为：控制主站、控制子站和切负荷执行站。

3.7.2 运维管理要求

为进一步推进变电设备主人制工作深化实施，变电运维人员应作为设备全寿命周期管理的落实者，全面开展项目管控、运维管理、检修监管等设备全寿命周期管控业务，确保各类设备管理做到凡事有人负责、凡事有人监督、凡事有人闭环。

1. 项目管控要求

项目管控包含可研初设、设联会、图纸交底、项目验收等环节，在可研初设环节需重点关注保护配置原则，在设联会环节需重点关注选用的设备厂家是否符合运行、反措等要求，在图纸交底阶段需重点关注设备之间的关联是否满足运行、反措等要求，在项目验收环节应重点关注设备功能是否完整正确，无缺陷异常，装置整定无误。

（1）可研初设：系统安全稳定控制装置配置应根据接入后的系统稳定计算确定。

（2）设联会：

1）考虑到安全稳定装置全部停电检修难度较大，安全稳定装置应能满足不停电检修校验功能。

2）要求快速跳闸的安全稳定控制装置应采用点对点直接跳闸方式。

（3）图纸交底：网络配置、虚端子回路（二次）是否正确。

（4）项目验收：

1）就地监控系统界面及功能正常（确认后台及主站是否有异常信号）。

2）继电保护及自动化设备现场标签齐全及正确、继电保护及自动化设备台账信息完整及正确、防火封堵完好，并按验收要求做好相关验收记录。

3）根据继电保护及自动化设备情况及时修订现场典票和规程，并对其正确性负责。

2. 运维管理要求

运维管理包含巡视、维护、操作等环节，在巡视时需重点关注装置是否有异常告警信号，是否满足反措要求，在维护时需重点关注装置运行环境，包括温湿度、防小动物等，在操作时需重点关注装置信息，测量出口压板。

安全稳定自动装置：

（1）安全稳定控制装置正常运行时应检查交、直流电源监视灯应亮，各信号正常。微机液晶显示画面正常，无异常报警信号，装置对时正确。电压、电流、功率及频率等电气量正确。

（2）无异常告警信号和打印记录，打印机电源开启正常、打印纸充足。各出口压板的投停状态与定值单相符。若装置与其他厂、站的安自装置有通信联系，还应检查所有通信通道是否正常。

3. 检修监管要求

检修监管包含外观检查、二次回路绝缘测试见证、保护整组传动试验见证等内容，在外观检查时需重点关注装置、端子排清洁，无受潮、积尘，且一个端子最多并接两芯；二次回路绝缘测试见证重点关注测试数据是否符合要求；保护整组传动试验见证重点关注保护装置的相互配合及动作的正确性。

（1）外观检查：

1）保护屏的外形应端正，无机械损伤及变形现象。

2）各构成装置应固定良好，无松动现象。

3）各装置端子排的连接应可靠，所置标号应正确、清晰。

4）保护屏内的保护装置的各组件应完好无损，其交、直流额定值及辅助电流变换器的参数应与设计一致；各组件应插拔自如、接触可靠，组件上无跳线，组件上的焊点应光滑、无虚焊。

5）复归按钮、电源开关的通断位置应明确且操作灵活；装置内外应清洁，无受潮、积尘，清扫电路板及屏柜内端子排上的灰尘。

6）本保护的电压二次回路 N600 与母设电压互感器电压二次回路 N600 的连接良好。

（2）二次回路绝缘测试见证：

1）交流电流回路对地大于 1MΩ。

2）交流电压回路对地大于 1MΩ。

3）直流电压回路对地大于 1MΩ。

4）交电流、电压回路与直流回路之间要求大于 1MΩ。

（3）保护整组传动试验见证：

1）直流电源用 80% 额定电压带开关传动，交流电流、电压必须从端子排上通入试验。

2）整组试验应对保护直流回路上的各分支回路（包括直流控制回路、保护回路、出口回路、信号回路及遥信回路）进行认真的传动，检查各直流回路接线的正确性。

3）带开关传动必须在开关检修工作结束前传动，联跳回路必须做好安全措施，联跳回路压板必须全部取下；认真核对跳闸矩阵是否正确，与整定单是否一致。

3.7.3 事故异常处理

1. 装置异常

保护装置异常会引起保护拒动、误动等事故，因此需掌握保护装置各信号灯及装置信息，及时发现、判断处理保护装置异常，确保设备安全稳定运行。

2. 二次回路异常

二次回路异常会引起保护拒动、误动等事故，因此需掌握二次回路异常发生的常见原因，结合图纸掌握故障排查等技能，及时发现、判断处理二次回路异常，确保设备安全稳定运行。

（1）TV断线：

1）电压输入低压开关跳开。

2）母线失压。

3）电压回路断线。

（2）TA断线：电流回路异常。

3. 事故异常处理

（1）针对装置异常及二次回路异常，在进行相关设备检查后应及时汇报工区、调控中心及生产指挥中心，并及时联系检修专业人员进行处理。

（2）针对装置异常引起的保护误动、拒动，应进一步检查一次设备实际状态，查看动作开关实际位置，查找保护范围内的实际故障，并查看相应保护装置、录波装置，同时打印相关报文、录波，结合一、二次设备信息，进行判断，并及时汇报工区、调控中心及生产指挥中心，与调度联系后尽快隔离故障并恢复送电，做好一次设备抢修配合工作。

第4章 智能变电站管理

4.1 智能一次设备

4.1.1 电子式互感器

1. 概述

电子式互感器按功能划分为电子式电压互感器、电子式电流互感器、电子式电流电压互感器。按传感方式分为有源式电子互感器、无源式电子互感器。按应用场所划分为GIS结构的电子互感器、AIS结构（独立式）的电子互感器。

2. 运维要求

（1）巡视与检查。

1）设备外观完整无损。

2）一次引线接触良好，接头无过热迹象，各连接引线无发热迹象、无变色。

3）外绝缘表面清洁、无裂纹及放电现象。

4）金属部位无锈蚀现象。底座、支架牢固，无倾斜变形。

5）架构、遮栏、器身外涂漆层清洁、无爆皮掉漆。

6）无异常振动、异常音响及异味。

7）均压环完整、牢固，无异常可见电晕。

8）设备标识齐全，名称编号清晰，无损坏。相序标注清晰，无脱落、变色。

9）接地良好，无锈蚀、脱焊现象。黄绿相间的接地标识清晰，无脱落、变色。

10）采集器无告警、无积灰，光缆无脱落，箱内无进水、无潮湿、无过热等现象。

11）有源式电子互感器应重点检查供电电源工作无明显异常。

（2）运行注意事项。

1）电子式互感器采集系统包括其二次线圈、采集单元、合并单元。当采集系统有维护工作，可能影响继电保护系统正常运行时，应将相关保护进行调整。如进行维护工作时，与带电设备安全距离不足时，应将有关带电设备停运。

2）有源式电子互感器不得断开其工作电源。

3）光学原理互感器应采取保护措施，避免因温度、振动等对互感器精度和稳定性的影响。

3. 事故异常处理注意事项

（1）电子式互感器发生下列故障现象应立即停用：

1）互感器内部有严重异音、异味、冒烟或着火。

2）互感器本体或引线端子有严重过热时。

3）运行过程中，电量信号丢失、精度下降、扰动等。

（2）电子式互感器发生异常并确认可能发展为故障需停用时，其处理原则如下：

1）到达现场后告知工区、调控中心、生产指挥中心及有关部门。

2）结合图像监控系统，检查现场互感器有无着火、爆炸、喷油、放电痕迹、导线断线、短路、小动物爬入引起短路等情况。

3）现场有明火等特殊情况时，应报火警等进行紧急处理。

4）检查保护装置（包括互感器压力释放阀等）的动作信号以及故障录波情况。

5）应立即将情况向工区、调控中心、生产指挥中心及有关部门汇报。

6）应根据调控指令进行有关故障隔离及恢复送电工作。

4.1.2 隔离断路器

1. 概述

（1）隔离断路器即兼具隔离开关功能的断路器，替代传统断路器与隔离开关的联合应用，可实现断路器、互感器、隔离开关的一体化制作。

（2）隔离断路器的使用简化了变电站布局，降低了安装、维护和维修成本，提高了供电可靠性。

2. 运维要求

（1）巡视与检查。

1）设备外观完整无损。

2）检查温度控制器工作正常，照明正常。

3）外壳、支架等无锈蚀、损伤、无发热现象，金属外壳的温度正常。

4）检查断路器的分合闸位置指示正确，与实际运行情况相符。

5）检查断路器弹簧储能良好。

6）开关液压弹簧操动机构储能正常，无漏气、漏油现象。

7）各类配管及阀门无损伤、锈蚀，开闭位置正确。管道的绝缘法兰与绝缘支架良好，无老化、裂纹、剥落现象。

8）电气连接部分无过热、烧断现象。

9）检查套管表面应无损坏、无污秽、无裂纹、无损伤、无放电现象，法兰黏结处的表面状态是否完好。

10）接地接线、接地螺栓压接良好，表面无锈蚀，压接牢固。

11）基础无下沉、倾斜。

12）检查 SF_6 压力值正常，各种表计、阀门指示正确。

13）检查隔离断路器闭锁装置的机械位置正确。

（2）运行注意事项。

1）隔离断路器的机械闭锁：

a. 隔离断路器的闭锁装置只有在隔离断路器分闸时才能启动或退出。

b. 当隔离断路器闭锁装置在闭锁状态时，隔离断路器被锁在分闸位置，无法进行合闸操作。

c. 当隔离断路器在合闸时，接地开关被闭锁在分闸位置，无法进行合闸操作。

2）隔离断路器的电气闭锁：

a. 当隔离断路器合闸时，隔离断路器闭锁装置处于非闭锁状态。

b. 当隔离断路器分闸、隔离断路器闭锁装置处于非闭锁状态时，隔离断路器和隔离断路器闭锁装置均可以操作。禁止在闭锁装置处于非闭锁状态时操作接地开关。

c. 当隔离断路器分闸、隔离断路器闭锁装置处于闭锁状态时，接地开关可以操作，隔离断路器被锁在分闸位置。

d. 当接地开关合闸时，隔离断路器闭锁装置和隔离断路器均不能操作。

e. 当接地开关分闸、隔离断路器闭锁装置处于非闭锁状态时，隔离断路器可以操作，接地开关在隔离断路器合闸操作后操作被限制。

f. 当接地开关分闸，隔离断路器闭锁装置处于闭锁状态时，隔离断路器被锁在分闸位置，接地开关可以操作。

g. 当隔离断路器合闸时，母线侧隔离开关被限制，无法进行操作。

h. 当隔离断路器分闸、隔离断路器闭锁装置处于闭锁状态时，母线侧隔离开关才可以操作。

3）隔离断路器投运前，应检查接地线是否全部拆除，防误闭锁装置应正常。

4）隔离断路器操作原则。由于隔离断路器接线方式，无常规的隔离开关，在操作中应注意：

a. 线路停电检修时，在断开隔离断路器后，应将隔离断路器闭锁装置切至闭锁状态后，方可进行线路侧验电接地操作。

b. 线路处于热备用状态时，在断开隔离断路器时，应将隔离断路器闭锁装置切至非闭锁状态。

c. 隔离断路器检修及相关附件停电检修工作前，必须在本间隔对侧设备停电接地、本间隔所接母线停电接地及同母线其他隔离断路器停电接地的情况下，方可开展。

5）操作中应同时在一体化监控系统监视有关电压、电流及红绿灯的变化是否正常。隔离断路器（分）合闸动作后，应到现场逐相检查隔离断路器本体和机构（分）合闸指示器以及拐臂、传动杆位置应一致并正确，检查监控系统隔离断路器指示位置与现场隔离断路器机械指示位置应一致并正确，保证开关确已正确（分）合闸，同时检查开关本体有无异常。

6）隔离断路器合闸后检查：①红灯亮，机械指示在合闸位置；②弹簧操动机构，在合闸后检查弹簧储能正常，液压（弹）机构应检查压力值正常；③送电回路的三相电流、电压、带电显示装置等指示正确；④隔离断路器现场指示变位正常，三相操作连杆动作正常。

7）隔离断路器分闸后的检查：

a. 绿灯亮，机械指示在分闸位置。

b. 检查电流、电压、带电显示装置等指示正确。

c. 隔离断路器现场指示变位正常，三相操作连杆动作正常。

d. 弹簧操动机构，在分闸后检查弹簧是否储能。液压（弹）机构应检查压力值正常。

8）隔离断路器操作时，人员应离开隔离断路器。

9）分合闸前应认真核对设备编号，检查设备无异常。

10）远方电动操作：检查隔离断路器 SF_6 压力正常，就地控制屏上切换开关处于远控指示，在保护、自动控制装置发布分、合闸命令，进行远方电动分、合闸操作。

11）就地电动操作：检查隔离断路器 SF_6 压力正常，就地控制屏上切换开关处于近控指示，将隔离断路器控制开关置"分"或"合"位置，进行就地电动分、合操作。

12）操作前，检查隔离断路器接地开关和隔离断路器的位置。应确认继电保护已按规定投入。

3. 事故异常处理注意事项

（1）隔离断路器合闸失灵的检查及处理。

1）对控制回路、合闸回路及直流电源进行检查处理。检查是否直流母线电压过低，若直流母线电压过低，调节输出电压，使电压达到规定值。

2）检查是否有气压异常、未储能等闭锁环节是否动作。

3）远方操作，检查遥控压板是否投入。

4）检查是否有继电保护装置动作，发出合闸指令。

5）当隔离断路器在停用或检修状态时，可按规定试行就地合闸试验。

6）若现场无法消除时，应将上诉情况向工区、调控中心、生产指挥中心及有关部门汇报，并联系检修人员处理。

（2）隔离断路器分闸失灵的检查及处理。

1）对控制回路、分闸回路进行检查处理，发现断路器的跳闸回路有断线的信号或操作回路的操作电源消失时，应立即查明原因。

2）检查直流母线电压是否过低。若直流母线电压过低，调节输出电压，使电压达到规定值。

3）检查是否操动机构故障。

4）远方操作，检查遥控压板是否投入。

5）检查是否有继电保护装置动作，发出跳闸指令。

6）检查是否有气压异常、未储能等闭锁环节是否动作。

7）若现场无法消除时，应将上诉情况向工区、调控中心、生产指挥中心及有关部门汇报，并联系检修人员处理。

（3）隔离断路器气体泄漏的处理。

1）到达现场后告知工区、调控中心、生产指挥中心及有关部门。

2）运行中 SF_6 气体压力降低，发出低气压报警时，查明原因后按规定进行补气处理。

3）当发出闭锁信号或严重泄漏时，应立即断开操作电源，并根据调度命令，采取措施将故障断路器隔离。

4）将上述情况向工区、调控中心、生产指挥中心及有关部门汇报，并联系检修人员处理。

（4）故障跳闸处理。

1）到达现场后告知工区、调控中心、生产指挥中心及有关部门。

2）隔离断路器跳闸后运维人员应立即记录事故发生的时间并到站进行特巡，检查断路器本身有无故障。

3）检查保护装置的动作信号以及故障录波情况。

4）应立即将检查情况向工区、调控中心、生产指挥中心及有关部门汇报，并按调度指令进行故障隔离，联系检修人员处理。

（5）断路器有下列情况之一时，应立即申请停电处理。

1）套管严重破损或绝缘子有断裂、放电现象。

2）引线烧断或发红过热。

3）经确定不能自动合闸者。

4）灭弧室内有较大放电声。

5）隔离断路器气压低于闭锁值，机构的闭锁信号不能复归等。

（6）当隔离断路器出现过负荷运行时，应严密监视，并检查开关各接点有无发热、开关有无异常声响，同时向上级相关部门汇报，申请降低或转移负荷。

4.2　智能组件

4.2.1　合并单元

1. 概述

（1）合并单元主要用以采集互感器二次电压、电流值，以规定的格式通过组网或点对点方式进行传输，同时满足保护、测控、录波、计量等设备使用。对于两段及以上母线接线方式，合并单元能够通过 GOOSE 网络获取断路器、隔离开关的位置信息，实现电压切换或并列功能。

（2）合并单元在电源中断、电压异常、采集单元异常、通信中断、通信异常、装置内部异常等情况下不误输出，具有完善的自诊断功能，能够输出上述各种异常信号和自检信息。

（3）根据合并单元用途分为间隔合并单元、母线电压合并单元和变压器本体合并单元等。

2. 运维要求

（1）巡视与检查。

1）外观正常，无异常发热，检查各指示灯指示正确，隔离开关位置指示灯与实际隔离开关运行位置指示一致。

2）正常运行时，合并单元检修硬压板在取下位置。

3）双母线接线，双套配置的母线电压合并单元并列把手应保持一致。

4）检查光纤连接牢固，无光纤损坏、弯折现象。

5）模拟量输入式合并单元电流端子排测温检查正常。

（2）运行注意事项。

1）正常运行时，禁止断开合并单元电源。

2）正常运行时，严禁放上合并单元装置检修硬压板。

3）一次设备不停电，单独停用具有电流采集功能的合并单元时，应先停用通过本合并单元采样的全部保护、自动装置或相关保护功能，再停用该合并单元。合并单元恢复送电时，保护投入前应检查合并单元采样正确。

4）单套配置，停用合并单元时，应停用对应一次设备。

5）双重化配置，在一套投运条件下，另一套可短时退出。

3. 事故异常处理注意事项

（1）合并单元发装置告警时，现场运维人员应将装置重启一次，不同间隔合并单元重启方式如下：

1）母线合并单元异常时，投入装置检修状态硬压板，关闭电源并等待 5s，然后上电重启。

2）间隔合并单元异常时，若保护双重化配置，则将该合并单元对应的间隔保护改信号，母差保护仍投跳（500kV 母差保护因无复合电压闭锁功能需改信号），投入合并单元检修状态硬压板，重启装置一次。若保护单套配置，则相关保护不改信号，直接投入合并单元检修状态硬压板，重启装置一次。

（2）若异常未消失，应按以下原则处理：

1）检查与其相连接保护、测控、电能表等装置确定故障影响范围，对相应采集光纤或信号输入电缆进行检查，若造成保护闭锁，申请停用保护装置。

2）保护采用光纤直连方式采集电流、电压的合并单元失步时，逐级检查对时装置及对时光、电回路，级联合并单元还应检查上级合并单元及级联光纤通道，并通知专业人员处理。

3）合并单元发 SV 断链、光纤光强异常等通信类异常信号时，应检查所在母线电压合并单元与本间隔合并单元间光纤接口有无松动、光纤有无弯折及破损，并通知专业人员处理。

4）合并单元失电时，应检查与其相连接保护、测控、电能表等装置确定故障影响范围，申请停用相关保护装置。

5）合并单元采样异常时，应检查合并单元采样板，电压、电流互感器及其二次回路有无异常。

4.2.2 智能终端

1. 概述

智能终端具备断路器（开关）操作箱及隔离开关（刀闸）控制功能，接收保护、测控装置的 GOOSE 开出，实现对断路器（开关）和隔离开关（刀闸）的控制，同时把断路器（开关）和隔离开关（刀闸）的位置和状态及智能终端本身的闭锁告警信息送至测控和保护装置。

2. 运维要求

（1）巡视与检查。

1）外观正常，无异常发热，电源及各种指示灯正常，无告警。

2）智能终端前面板断路器、隔离开关位置指示灯与实际状态一致。

3）正常运行时，装置检修压板在退出位置。

4）装置上硬压板及转换开关位置应与运行要求一致。

5）检查光纤连接牢固，无光纤损坏、弯折现象。

6）屏柜二次电缆接线正确，端子接触良好，编号清晰、正确。

（2）运行注意事项。

1）正常运行时，禁止断开智能终端电源。

2）正常运行时，运维人员严禁投入检修压板。

3）正常运行时，对应的跳闸出口硬压板应在投入位置。

4）除装置异常处理、事故检查等特殊情况外，禁止通过投退智能终端的跳、合闸出口硬压板投退保护。

3. 事故异常处理注意事项

（1）智能终端异常时，应退出装置跳合闸出口硬压板、测控出口硬压板，投入检修状态硬压板，重启装置一次。

（2）装置重启后，若异常消失，将装置恢复到正常运行状态。

（3）若异常未消失：

1）双套智能终端单套故障时，应退出智能终端跳、合闸出口压板，并检查可能受影响装置，按以下原则进行处理：

a. 检查母线保护对应间隔内隔离开关位置与实际位置一致，若不一致，应强制将母线保护中对应隔离开关（刀闸）切至正确位置，并不得改变一次设备状态，缺陷排除后立即恢复。

b. 检查测控装置及监控后台本间隔监控信息，若间隔内一次设备失去监控，应加强监视。

c. 检查本间隔保护装置是否有闭锁，对应处理。

2）单套智能终端故障时，申请停役相应一次设备。

（4）对不影响保护功能的一般缺陷可先将装置恢复到正常运行状态。

4.2.3　网络交换机

1. 概述

服务器、网络设备交换机分别与其他设备组成 SV 网络、GOOSE 网络和 MMS 网络。组成部分有：GOOSE 交换机、MMS 交换机、调度数据网服务器、连接光缆及光纤等。过程层交换机承载着 GOOSE、SV、对时时钟三个网络的信号传输。

2. 运维要求

（1）巡视与检查。

1）交换机运行灯、电源灯、端口连接灯指示正确。

2）交换机每个端口所接光纤（或网线）的标识完备。

3）检查监控系统中变电站网络通信状态正常。

4）检查装置各网口相对应的接口指示信号正确。

5）交换机通风装置运行正常，定期测温正常。

（2）运行注意事项。

1）正常运行时，禁止关闭交换机电源。

2）正常运行时，禁止重启网络交换机或随意插拔网线。

3）禁止运维人员操作交换机复位按钮。

3. 事故异常处理注意事项

（1）过程层保护交换机故障或失电，若不影响保护正常运行（保护采用直采直跳方式设计），可不停用相应保护装置，但应及时处理；若影响保护装置正常运行（保护采用网采网跳方式），应视为对应一次设备失去保护，停用相应保护装置，必要时停运对应的一次设备。

（2）间隔层交换机故障，应检查监控后台监控信息是否正常，对失去监控的设备加强监视，通知专业人员处理。间隔层交换机失电，应立即检查电源回路有无异常，若空气开关断开运维人员可试送一次，试送不成功，通知专业人员处理，并对失去监控的设备加强监视。

（3）站控层交换机失电告警，与本站控层交换机连接的站控层功能丢失，汇报调控人员。

（4）交换机告警灯亮，需要检查跟本交换机相连的所有保护、测控、电能表、合并单元、智能终端等装置光纤是否完好，SV、GOOSE 和 MMS 通信是否正常，后台是否有其他告警信息。

（5）过程层交换机前面板端口连接灯熄灭，此光口通信中断，汇报专业人员处理。

4.3 智能变电站继电保护及安全自动装置

4.3.1 概述

智能变电站的继电保护及安全自动装置与站控层信息交互采用 DL/T 860（IEC 61850）

标准，根据过程层的信息交互方式不同可以分为"直采直跳""网采网跳"和"直采网跳"三类。

35kV 及以上电压等级智能变电站基本采用"直采直跳"方式：继电保护及安全自动装置与合并单元、智能终端通过光纤直接连接，获取模拟量采样值并发送跳、合闸命令等信息；联（闭）锁信息通过过程层 GOOSE 网络传输。

本节主要对"直采直跳"组网方式的智能变电站继电保护及安全自动装置现场运行有关内容做出规定。

4.3.2 运维要求

1. 基本要求

（1）电气设备不允许无保护运行。

（2）保护装置、合并单元与智能终端的投入顺序为：合并单元→保护装置→智能终端，停用时顺序相反。

（3）保护装置在投入前应检查运行正常，信号指示正确。

（4）220kV 及以上联络线不得无纵联保护运行；220kV 及以上母线无母差保护时，严禁安排该母线及相关元件的倒闸操作。

（5）一次设备停电，保护无工作时，保护装置正常投入。

（6）一次设备停电，保护有工作，应退出保护跳开运行开关的出口、启动失灵及闭锁其他运行保护装置的软压板。

（7）双重化配置的保护装置，在一套投运的条件下，另一套可短时退出，双套装置不得同时退出。无电量瞬动保护的高压设备不允许充电。

（8）修改保护定值时，必须退出保护。

（9）经确认切换定值区不会导致误动的国产微机保护装置切换定值区操作时，可不改信号直接进行定值区切换。

（10）配有多种保护功能的保护装置，运行中停用某一保护部分时，只退出相应保护功能压板，其他保护功能可继续运行。

（11）正常运行情况下，禁止通过投退智能终端的跳、合闸压板投退保护。

（12）跳闸：保护交直流回路正常，主保护、后备保护及相关测控功能软压板投入，GOOSE 跳闸、启动失灵及 SV 接收等软压板投入，保护装置检修状态硬压板取下；智能终端装置直流回路正常，放上跳合闸出口硬压板、测控出口硬压板，取下智能终端检修状态硬压板；合并单元装置直流回路正常，取下合并单元检修状态硬压板。

（13）信号：保护交直流回路正常，主保护、后备保护及相关测控功能软压板投入，跳闸、启动失灵等 GOOSE 出口软压板退出，保护检修状态硬压板取下。

（14）停用：主保护、后备保护及相关测控功能软压板退出，跳闸、启动失灵等 GOOSE 软压板退出，保护检修状态硬压板放上，装置电源关闭。

2．巡视与检查

（1）控制室、保护室内温度应保持在 5～30℃范围内，最大相对湿度不超过 75％。

（2）智能控制柜应具备温度、湿度的采集、调节功能，柜内温度控制在－10～50℃，湿度保持在 90％以下。

（3）户外就地安装的继电保护装置，当安装于不具有环境调节性能的屏柜时，环境温度应在－25～70℃，最大相对湿度：95％（日平均），90％（月平均）。

（4）严禁空调运行时直吹保护装置，以防造成装置内部凝雾。

（5）智能柜关闭严密，定期对智能柜通风系统进行检查和清扫，确保通风顺畅。

（6）保护装置运行正常，各指示灯指示正确，无异常声音及气味。

（7）液晶装置面板循环显示信息正确，无异常告警信号或报文信息。

（8）交、直流开关均投入正确，各切换开关位置正确。

（9）保护装置软、硬压板投、退位置正确，压接牢固，编号清晰正确。

（10）保护、测控、故障录波及网络分析装置等对时、通信正常。

（11）二次线、光纤无松脱、发热变色现象，电缆孔洞封堵严密。

（12）加热器、空调、风扇等温湿度调控装置工作正常，温湿度满足设备现场运行要求。

3．运行注意事项

（1）运维人员不得随意拉扯保护屏柜内尾纤和网线。

（2）待用间隔保护装置的 SV 和 GOOSE 软压板退出。

（3）运行的母线保护装置，待用间隔的 SV 和 GOOSE 软压板退出。

（4）主、从时间同步时钟电源，禁止断开。

（5）运行中的继电保护及安全自动装置，严禁投入检修压板。

（6）禁止断开站控层交换机、间隔层交换机、过程层交换机电源及保护屏、智能组件柜、本体智能终端柜内交换机电源。

4.3.3　事故异常处理注意事项

1．当智能变电站继电保护装置发生故障跳闸后的处理流程

（1）到达现场后告知工区、调控中心、生产指挥中心及有关部门。

（2）结合图像监控系统，检查现场对应一次设备有无着火、爆炸、喷油、放电痕

迹、导线断线、短路、小动物爬入引起短路等情况。

（3）现场运维人员负责记录并向主管调度汇报智能变电站保护装置（包括安全自动装置、信息子站及试运行的保护装置）动作、告警等情况，记录保护及故障录波装置动作后的打印报告，全部记录正确后，方可复归。要求记录和向调度报告的内容有：

1）故障时间。

2）跳闸断路器的编号、相别。

3）完整的保护动作信息。

4）安全自动装置动作信号及动作结果。

5）合并单元、智能终端动作及告警情况。

6）电流、电压、功率变化波动情况。

7）录波器动作情况。

（4）应立即将情况向工区、调控中心、生产指挥中心及有关部门汇报。

（5）应根据调控指令进行有关故障隔离及恢复送电工作。

（6）一次设备运行中，需要退出保护装置（或部分功能）进行缺陷处理时，相关保护未退出前不得投入合并单元检修压板，防止保护误闭锁。

（7）继电保护装置异常时，现场运行人员可按规定投入装置检修状态硬压板，重启装置一次。

（8）保护装置对时异常时，保护装置可继续运行，但应及时处理。

（9）若由于隔离开关（刀闸）辅助触点、智能终端、通信异常导致隔离开关（刀闸）位置与实际不一致，造成母线保护隔离开关（刀闸）位置告警，应强制将母线保护中对应隔离开关（刀闸）切至正确位置，并不得改变一次设备状态，缺陷排除后立即恢复。

（10）双重配置保护装置单套失去直流电源，应立即检查保护装置及屏内接线有无明显异常，装置电源是否跳开，申请退出对应智能终端跳、合闸出口压板，试送电源一次后立即恢复智能终端跳、合闸出口压板。

（11）保护装置交流电流回路断线时，按以下原则进行处理：

1）单套配置的保护装置交流电流回路断线，按复归按钮，若不能复归，查看保护电流采样确定故障回路，有针对地检查对应电流互感器、合并单元及光、电回路，通知专业人员处理。

2）双重配置的保护单套交流电流回路断线，按复归按钮，若不能复归，申请将保护停用，有针对性检查电流互感器、合并单元及光、电回路，通知专业人员处理。

（12）保护装置交流电压回路断线时，按以下原则进行处理：

1）交流电压回路断线，双重配置保护单套异常时，应申请停用受影响保护装置或保护功能，检查电压互感器、合并单元及光、电回路是否运行正常，电压互感器二次开关是否跳开，若跳开试送一次，试送不成，通知专业人员处理。

2）采用级联方式采集电压时，同一母线多个间隔同时出现交流电压回路断线信号，检查母线电压互感器二次开关及母线电压合并单元是否正常，若电压互感器二次开关跳开试送一次，试送不成，通知专业人员处理。

（13）保护装置发 SV 断链、采样无效、品质异常或双 AD 不一致时，检查具体影响链路，参照电压或电流断线处理。

（14）保护装置发 GOOSE 断链、GOOSE 通道告警时，应在保护装置、后台二维表上查看具体断链链路，并检查对应保护、智能终端或交换机等装置及光纤回路。

4.4 一体化监控系统

4.4.1 概述

（1）一体化监控系统按照全站信息数字化、通信平台网络化、信息共享标准化的基本要求，通过系统集成优化，实现全站信息的统一接入、统一存储和统一展示，实现运行监视、操作与控制、综合信息分析与智能告警、运行管理和辅助应用等功能。

（2）智能变电站自动化由一体化监控系统和输变电设备状态监测、辅助设备、时钟同步、计量等共同构成。一体化监控系统纵向贯通调度、生产等主站系统，横向联通变电站内各自动化设备，是智能变电站自动化的核心部分。

（3）一体化监控系统可集成完整的防误闭锁功能及辅助控制系统，防误闭锁功能应由运行部门审核，经批准后由一体化监控系统维护人员实现，防误闭锁功能升级、修改，应进行现场验收、验证，集成辅助控制系统的一体化监控系统应符合二次系统安全防护要求。

（4）智能变电站一体化监控系统由站控层、间隔层、过程层设备，以及网络和安全防护设备组成。

1）站控层设备包括监控主机、数据通信网关机、数据服务器、综合应用服务器、操作员站、工程师工作站、PMU 数据集中器和计划管理终端等，提供站内运行的人机联系界面，实现管理控制间隔层、过程层设备等功能，形成全所监控、管理中心，并与远方监控/调度中心通信。

2）间隔层设备包括继电保护装置、测控装置、故障录波装置、网络记录分析仪及稳控装置等，在站控层及站控层网络失效的情况下，仍能独立完成间隔层设备的就地监控功能。

3）过程层设备包括合并单元、智能终端、智能组件、电子式互感器等，完成与一次设备相关的功能，包括实时运行电气量的采集、设备运行状态的监测、控制命令的执行等。

（5）智能变电站的网络交换机分为站控层网络交换机和过程层网络交换机两类，分别完成间隔层设备与站控层设备的通信和过程层设备与间隔层设备的通信。

（6）网络报文记录及分析装置具备对全站各种网络报文（快速报文、中速报文、低速报文、原始数据报文、文件传输功能报文、时间同步报文、访问控制命令报文等）进行实时监视、捕捉、分析、存储和统计的功能，装置具备变电站网络通信状态在线监视和状态评估的功能。

4.4.2　运维要求

1. 监控主机

（1）巡视与检查。

1）监控主、备机信息一致，主要包括图形、告警信息、潮流、历史曲线等信息。

2）在监控主机网络通信状态拓扑图中检查网络通信状态、GOOSE 链路通信状态、SV 链路通信状态。

3）监控主机遥测遥信信息实时性和准确性、有无过负荷现象。母线电压三相平衡正常。系统频率在规定的范围内。

4）监控主机工作正常，无通信中断、死机、异音、过热、黑屏等异常现象。

5）监控主机同步对时正常。

6）五防系统与监控后台通信正常，一次设备位置与后台一致。

（2）运行注意事项。

1）严禁任何人在与网络相连的计算机（监控主机、操作员站、工程师站等）上进行任何与运行监控无关的工作，严禁在监控主机上安装无关应用软件和游戏。

2）不得随意改动网络地址、计算机名等相关设置。

3）应做好监控后台的密码管理、病毒防护等工作，严禁非法外联。运维人员操作口令必须妥善保管，外来人员对监控系统只能进行监视和浏览画面，且必须先经过运维人员的允许后，才能进行必要操作。

4）应使用专用存储介质或通过堡垒机接入监控后台，严禁未经授权的存储设备接入，严禁同一移动存储设备在安全控制大区和信息管理大区混用。

5）为防止监控后台系统和数据异常，严禁非正常关机。

6）运维人员进行软压板遥控操作后的位置检查，应在监控后台和保护装置处确认。

7）运维人员监控后台进行定值区切换操作时，操作前、后应在监控画面上核对定值实际区号，切换后打印核对。

8）监控系统出现误动，运维人员应立即停止一切与微机监控系统有关的操作，并立即上报有关部门听候处理。

2. 测控装置

（1）巡视与检查。

1）检查装置外观无异常，装置指示灯、液晶面板显示内容正确。

2）检查正常运行时硬压板及软压板投退正确。

3）备用光口及尾纤有防尘措施。

4）屏柜内无异物，各端子接线无松动现象。

（2）运行注意事项。

1）发现指示灯异常、液晶面板显示屏花屏现象时，记录设备缺陷，按缺陷流程处理。

2）不得更改测控装置运行参数。

3）不得随意关闭电源，不得随意拔插光纤、网线。

3. 网络报文记录及分析装置

（1）巡视与检查。

1）网络报文记录装置运行灯、对时灯、硬盘灯正常，无告警。

2）网络报文记录装置光口所接光纤的标签、标识完备。

3）网络报文记录及分析装置与设备的连接状态正常，无通信中断。

（2）运行注意事项。

1）正常运行时，网络报文记录及分析装置与设备的连接状态正常，无通信中断。

2）在进行数据拷贝时，应使用专用 U 盘。

4. 电力调度数据网设备

（1）巡视与检查。

1）关注路由器、交换机面板上的运行指示灯、电源指示灯，正常情况，运行指示灯和电源指示灯为绿灯均为绿色常亮，若出现红灯或灯灭，则设备运行异常，须进行处置。

2）关注路由器、交换机接有网线的网口指示灯，正常为绿色或橙色闪烁，若出现灯灭，则设备运行异常，须进行处置。

（2）运行注意事项。

1）路由器、交换机运行环境温度应保持在 $18\sim26℃$；湿度控制在 $30\%\sim70\%$。

2）接入电力数据网络的设备应明确，严禁将无关设备接入路由器或交换机等设备。

3）路由器、交换机应由不间断电源供电，且两个接入网的设备应分别由两路独立的电源供电，杜绝同一个接入网内的网络设备电源来自不同路的交流电源。

4）路由器、交换机的闲置端口应该采用标签或防尘塞进行物理封堵。

5）路由器、交换机的机箱外壳必须按要求良好接地，网络设备的设备标识、线缆标签等应清晰明确。

4.4.3 事故异常处理注意事项

1. 监控主机

（1）监控主机死机，按现场专用运行规程规定方法关机后重启。

1）一台操作员站死机：启动过程中应密切监视另一台操作员站（这台机器应自动切换为"主机"状态）对系统的监控情况，如启动后仍不能恢复，应告知监控人员，并立即通知维护人员进行处理。

2）两台操作员站死机：应逐台重启，若不能恢复，应告知监控人员，立即通知检修人员进行处理，并派加强巡视，检查并监视监控系统间隔层设备运行情况。

3）重启完成后应核对监控后台数据，观察遥信、遥测正确，遥测数据是否刷新，判断是否重启成功。

（2）监控后台通信异常时检查网线是否松动。

（3）监控后台遥测信息异常时检查是否有置数现象。

（4）监控后台遥信信息异常时检查是否有置位现象。

（5）监控后台遥控不成功（遥控预置不成功）：

1）检查遥控对象是否有逻辑闭锁（五防工作站逻辑闭锁或测控装置逻辑闭锁），在不满足条件时禁止进行遥控。

2）检查测控装置面板及断路器"远方/就地"切换开关是否为"就地"状态。

3）检查测控装置是否通信中断。

（6）监控后台遥控不成功（遥控执行不成功）：

1）一次设备已变位，应查找遥信上送不成功原因。

2）一次设备未发生变位，应检查测控装置遥控出口压板是否投入，并检查测控装置遥控预置记录及遥控执行记录，若为测控装置故障应联系检修人员处理。

（7）监控主机断电后检查装置电源及空气开关，相应逆变电源输出是否正常。

（8）如有异常现象，联系运行维护单位处理。

2. 测控装置

（1）监控后台无法操作时，可在测控装置上进行操作（上级规程规定禁止就地操作的除外），测控装置处操作的安全要求应在专用规程中予以明确。

（2）测控装置运行灯熄灭时，需先退出遥控软压板，再重启测控装置。

（3）测控装置运行正常，而后台及调度端为死数据时，检查检修硬压板是否投入，后台显示测控装置通信是否正常。

（4）测控装置遥控异常，检查检修硬压板是否投入、测控远方/就地位置、遥控出口压板位置。

（5）测控装置通信异常时检查网线是否插好。

（6）测控装置交直流采样异常、信号状态异常、对时异常等记录设备缺陷，按缺陷流程处理。

3．网络报文记录及分析装置

（1）网络报文记录及分析装置管理单元死机，记录设备缺陷，按缺陷流程处理。

（2）网络报文记录及分析装置与设备连接中断，记录设备缺陷，按缺陷流程处理。

（3）网络报文记录装置运行灯、对时灯、硬盘灯异常，记录设备缺陷，按缺陷流程处理。

4．电力调度数据网设备

（1）路由器运行指示灯显示红灯，则应告知调度自动化，经同意后尝试重启设备，断开电源，等候15s，路由器面板运行灯熄灭，电源指示灯熄灭，则应查看是电源失电，并检查供电回路是否正常。恢复电源重启。

（2）路由器面有蜂鸣告警声，则检查路由器是否存在有一路电源失电情况，可通过观察电源指示灯判断，正常为绿色常亮，并观察电源风扇是否旋转正常，若确为一路电源失电，则应核实该路供电空气开关是否正常。

（3）交换机面板运行灯熄灭，电源指示灯熄灭，则应查看是电源失电，并检查供电回路是否正常。若运行指示灯显示红灯则应告知调度自动化，经同意后尝试重启设备，断开电源，等候15s，恢复电源重启。

（4）接有网线的网口指示灯，正常为绿色或橙色闪烁，若出现灯灭，查看该端口是否存在网线接入松动，或是该网线对侧网口松动或对端设备失电。

（5）进行异常处置时，应及时告知调度自动化人员，双方配合开展处置。在遭受网络攻击等特殊情况下，运行人员可根据调度自动化人员，直接拔除对应网线、甚至关闭网络设备电源。

4.5　交直流一体化电源

4.5.1　概述

变电站交直流一体化电源系统由站用交流电源、直流电源、交流不间断电源

（UPS）、逆变电源（INV）、直流变换电源（DC/DC）等装置组成，并统一监视控制，共享直流电源的蓄电池组。

全站直流、交流、逆变、UPS、通信等电源一体化设计、一体化配置、一体化监控，其运行工况和信息数据能通过一体化监控单元展示并转换为标准模型数据，以标准格式接入当地自动化系统，并上传至远方控制中心。

系统中各电源一体化设计、一体化配置、一体化监控，能实现就地和远方控制功能。

运行工况和信息能够上传总监控装置，并与变电站自动化后台连接，实现对一体化电源系统的远程监控维护管理。

系统中各电源通信规约应相互兼容，能够实现数据、信息共享。

系统的总监控装置通过以太网通信接口与变电站后台设备连接，实现对一体化电源系统的远程监控维护管理。

系统具备电量采集功能，实时测量电压、电流、功率，具有进线开关、馈线开关、母线分段开关及自动转换开关电器（ATSE）等的状态采集功能。

系统具有控制交流电源切换、充电装置充电方式转换及开关投切等功能。系统各级二次空气开关的定值整定，应保证级差的合理配合。上、下级之间（同一系列产品）额定电流值，应保证 2～4 级级差，电源端选上限，网络末端选下限。

4.5.2 运维要求

1. 交流电源

（1）检查空气断路器、控制把手位置正确。自动转换开关电器（ATSE）正常运行应在自动状态。

（2）检查交流电源无异音、无告警，定期开展红外测温有无过热现象。

（3）显示的三相电压、频率、功率因数以及三相电流、有功功率、无功功率等应正常。

（4）配电屏母线（电源）电压正确，负荷分配正常。

（5）配电屏内接线无松脱、发热变色现象，电缆孔洞封堵严密。

（6）交流电源 220V 单相供电电压偏差为标称电压的 +7%、−10%。

2. 直流电源

（1）充电装置交流输入电压、直流输出电压、电流正常，表计指示正确，保护的声、光信号正常，运行声音无异常、无告警。

（2）充电装置输入的交流电源应符合要求，一般不得超过其标称电压的 ±10%。蓄电池浮充电压值一般应控制为 $(2.23～2.28)V×N$（N 为电池个数），浮充电流值大小满足厂家规定。

（3）蓄电池室通风、照明及消防设备完好，有防止阳光直晒措施，温度宜保持在5～30℃，无易燃、易爆物品，同一室内布置两组及以上蓄电池组时，蓄电池组间应有效隔离。

（4）进入蓄电池室前，必须先行开启通风设备，并严禁烟火。

（5）蓄电池组外观清洁，无短路、接地。

（6）各连片连接牢靠无松动，端子无腐蚀。

（7）蓄电池外壳无裂纹、漏液，呼吸器无堵塞，密封良好。

（8）蓄电池极板无龟裂、弯曲、变形、硫化和短路，极板颜色正常，无欠充电、过充电。

（9）各支路的运行监视信号完好、指示正常，熔断器无熔断，自动空气开关位置正确。

3. 交流不间断电源（逆变电源）

检查设备运行正常；交流不间断电源输入、输出电压、电流正常；装置无异常，各指示灯及液晶屏显示正常，无告警。

4. 直流变换电源装置

检查设备运行正常；直流变换电源装备输入、输出电压、电流正常；装置无异常，各指示灯及液晶屏显示正常，无告警。

5. 监控装置

（1）交直流一体化电源系统工作状态及运维方式、告警信息、通信状态无异常。

（2）查看蓄电池巡检电压、电流、内阻、温度监测及历史数据显示功能正常。

（3）绝缘监察装置信息及直流接地告警信息。

（4）各支路的运行监视信号完好、指示正常，熔断器无熔断，自动空气开关位置正确。

6. 交直流一体化监控系统运行注意事项

（1）两路不同站用变压器电源供电的负荷回路不得并列运行。

（2）运行站用变压器停运后，应检查相应所用屏上电压表无指示、低压断路器确已分开，才能合上备用站用变压器高低压侧断路器。

（3）合分段断路器前，应检查受电母线的进线断路器在分开位置。

（4）站用电源切换或失电恢复后，应检查主变压器冷却系统、直流充电装置及逆变器电源运行正常。

（5）站用变压器倒换操作时，要遵循"先停后合"的操作顺序。即：先将运行的站用变压器停电，后投入备用的站用变压器。严禁将两台站用变压器低压侧并列。在操作过程中，加强监护，防止误操作。

4.5.3　事故异常处理注意事项

1. 交流电源

（1）当一台站用变压器失压后，备用电源备投未自动投入或无备自投的，应先检查站用电源母线及各支路有无明显故障，如无故障则手动投入备用电源。

（2）1、2号站用电源同时失压，应减少不重要的负荷，由蓄电池组暂供站内负荷。待所用电恢复送电后应检查直流充电机、UPS电源、断路器操动机构打压及弹簧操作贮能、机构箱端子箱加热器运行情况等，应保证直流系统、站用电系统运行正常，恢复停运设备。

（3）站用变压器高压侧断路器（开关）跳闸后，应检查保护动作情况，判断故障性质，进行外部检查，如确认是外部故障，经消除后恢复供电，在未查明原因和消除故障前，不得合闸送电。

（4）站用电系统某馈线故障断电后，应检查并消除故障后恢复供电。如一段母线总开关跳闸后，应检查母线有无故障，若母线正常，则初步判断为馈线故障引起越级跳闸。如故障点未查出时，应将该母线上所有馈线空气开关拉开，逐条试送，查找出故障馈线后，将故障馈线隔离，恢复其余部分供电。同时迅速检查主变压器风冷装置是否正常。

（5）当站用系统出现电压过高或过低时，应调整站用变压器调压分接头。

（6）双路电源自投切交流接触器故障，退出自投功能，注意应先调整站内交流负荷，防止主要设备失电，然后拉开故障侧交流接触器交流开关，待更换正常后恢复原方式运行。

（7）单路电源当全站失去交流电源时，立即查找失电原因。如故障是低压侧开关、熔丝或电缆故障，更换后及时恢复，如为下级交流回路短路等造成越级失电，隔离故障回路后应先恢复主电源回路供电，再处理故障点。

（8）自动转换开关电器（ATSE）应可通过监测进线开关故障跳闸或其他辅助保护动作判断母线故障，并闭锁ATSE转换进线电源，避免事故扩大。

2. 直流电源

（1）交流电源中断，蓄电池组将不间断地向直流母线供电，应及时调整控制母线电压，确保控制母线电压值的稳定。当蓄电池组放出容量超过其额定容量的20％及以上时，恢复交流电源供电后，应立即手动启动或自动启动充电装置，按照制造厂规定的正常充电方法对蓄电池组进行补充充电。或按恒流限压充电—恒压充电—浮充电方式对蓄电池组进行充电。

（2）当直流充电装置内部故障跳闸时，应及时启动备用充电装置代替故障充电装置运行，并及时调整好运行参数。

（3）直流电源系统设备发生短路、交流或直流失压时，应迅速查明原因，消除故障，投入备用设备或采取其他措施尽快恢复直流系统正常运行。

（4）阀控式密封铅酸蓄电池：

1）蓄电池壳体变形，一般是由充电电流过大、充电电压超过了 $2.4V \times N$、内部有短路或局部放电、温升超标、安全阀动作失灵等原因造成内部压力升高。处理方法是减小充电电流，降低充电电压，检查安全阀是否堵死。

2）如发现蓄电池极柱上有硫化现象应将其清除，必要时涂抹凡士林。如有鼓肚、裂纹时应及时更换。

3）如发现蓄电池组有落后电池，而无法恢复容量时应及时进行更换。发现多只电池容量落后而无法恢复，影响到直流母线电压时，应更换电池组。如到使用年限应加强对其监视，发现问题及时更换。

4）蓄电池组熔断器熔断后，应立即检查处理，并采取相应措施，防止直流母线失电。

5）运行中浮充电压正常，但一放电，电压很快下降到终止电压值，原因是蓄电池内部失水干涸、电解物质变质。处理方法更换蓄电池。

6）蓄电池组发生爆炸、开路时，应迅速将蓄电池总熔断器或空气开关断开，投入备用设备或采取其他措施及时消除故障，恢复正常运行方式。如无备用蓄电池组，在事故处理期间只能利用充电装置带直流系统负荷运行，且充电装置不满足开关合闸容量要求时，应临时断开合闸回路电源，待事故处理后及时恢复其运行。

7）检查和更换蓄电池时，必须注意核对极性，防止发生直流失压、短路、接地。工作时工作人员应戴耐酸、耐碱手套，穿着必要的防护服等。

（5）直流系统接地处理：

1）220V 直流系统两极对地电压绝对值差超过 40V 或绝缘性能降低到 $25k\Omega$ 以下，应视为直流系统接地。

2）直流系统接地后，应立即查明原因，根据绝缘监察装置指示或当日工作情况、天气和直流系统绝缘状况，找出接地故障点，并尽快消除。

3）变电站装有直流接地探测装置的，按照接地探测装置找到的范围进行查找。

4）同一直流母线段，当出现同时两点接地时，应立即采用措施消除，避免由于直流同一母线两点接地，造成继电保护或开关误动故障。严防交流窜入直流故障现象。

5）拉合检查应先拉合容易接地的回路，依次推拉事故照明回路、防误闭锁装置回路、户外合闸回路、户内合闸回路、6~10kV控制回路、其他控制回路、主控制室信号回路、主控制室控制回路、整流装置和蓄电池回路。

6）无直流接地探测装置的采用分路直流的方法查找。停用分路直流的原则为：①事故照明；②信号电源；③合闸电源；④分路控制电源；⑤继电保护电源；⑥整流器、蓄电池等。

7）发生直流接地时停用控制保护装置的直流电源时应遵守如下原则：①调控部门应通知继电保护班前往变电站准备现场处理，然后进行控制、保护回路接地范围查找；②拉路时须征得调度同意，并将所有可能误动的保护停用，再进行处理，待直流系统正常后，保护无异常后再投入保护；③使用拉路法查找直流接地时，至少应由两人进行，断开直流时间不得超过3s。有特殊要求不允许使用拉路法查找直流接地的，应采取必要的技术措施后再进行。

4.6　一体化防误系统

4.6.1　概述

一体化防误系统把变电站的实时监控和五防的管理体系融为一体，其核心是监控系统和微机五防系统数据库的一体化，在软件平台上实现一体化的同时在监控后台和间隔层分别引入五防节点，使每个节点都有独立的逻辑判别能力，全部受监控五防的监控，节点状态实时更新。系统中数据库和图像界面都可做到全站共享。

操作控制功能可按远方操作、站控层、间隔层、设备级的分层操作原则考虑。无论设备处在哪一层操作控制，设备的运行状态和选择切换开关的状态都应具备防误闭锁功能。

4.6.2　运维要求

（1）运维单位依据调度批复的系统主接线图及现场设备实际情况，编制防误闭锁逻辑并报备相关部门审核批准后，由一体化防误系统维护人员导入。

（2）检查现场锁点设置合理、正确，满足逻辑需求。

（3）检查数据库配置正确性。

（4）一次设备表里需要包括的设备分为可实际采集电气位置的一次设备（断路器、隔离开关等）和无位置采集点的一次设备（网门、接地桩等）。

（5）二次设备表里需要在编辑操作票中添加空气开关、保护功能压板、出口压板、转换开关等二次设备信息，对于没有信号传输给监控的二次设备，也需要做成虚点。

（6）为方便描述操作的起始状态和目标状态，需完善间隔状态配置。

（7）检查各锁码及电脑钥匙配置正确。

（8）防误闭锁逻辑导入系统后，必须经过现场实际操作校验正确后，方可正式投入运行。

（9）防误闭锁逻辑软件升级、修改后，应重新履行审批和验收手续。

4.6.3 事故异常处理注意事项

（1）一体化防误主机与电脑钥匙通信不畅，应认真检查电脑钥匙与卡座接触是否良好，数据线是否脱落、接触不良，必要时主机及电脑钥匙关闭重启。如未能恢复，联系二次检修及厂家人员配合处理。

（2）一体化防误主机模拟屏图可变位元件位置与实际不符，应认真核对一次设备状态，联系二次检修及厂家人员配合处理。

（3）一体化防误主机死机，可进行正常重启。如仍不良，则联系二次检修及厂家人员配合处理。

（4）一体化防误主机内程序混乱异常、逻辑闭锁关系错误等，应联系二次检修及厂家人员配合处理。

（5）锁具等异常处理同常规站。

第5章 变电辅助设备管理

5.1 变电站消防系统

5.1.1 运行规定

（1）消防器材和设施应建立台账，并有管理制度。

（2）变电运维人员应熟知消防器具的使用方法，熟知火警电话及报警方法。

（3）有结合本变电站实际的消防预案，消防预案内应有本变电站变压器类设备灭火装置、烟感报警装置和消防器材的使用说明并定期开展演练。

（4）现场运行规程中应有变压器类设备灭火装置的操作规定。

（5）变电站应制定消防器材布置图，标明存放地点、数量和消防器材类型，消防器材按消防布置图布置；变电运维人员应会正确使用、维护和保管。

（6）消防器材配置应合理、充足，满足消防需要。

（7）消防沙池（箱）沙子应充足、干燥。

（8）消防用铲、桶、消防斧等应配备齐全，并涂红漆，以起警示提醒作用，并不得露天存放。

（9）变电站火灾应急照明应完好、疏散指示标志应明显；变电运维人员掌握自救逃生知识和技能。

（10）穿越电缆沟、墙壁、楼板进入控制室、电缆夹层、控制保护屏等处电缆沟、洞、竖井应采用耐火泥、防火隔墙等严密封堵。

（11）防火墙两侧、电缆夹层内、电缆沟通往室内的非阻燃电缆应包绕防火包带或涂防火涂料，涂刷至防火墙两端各 1m，新敷设电缆也应及时补做相应的防火措施。

（12）设备区、开关室、主控室、休息室严禁存放易燃易爆及有毒物品。

（13）失效或使用后的消防器材必须立即搬离存放地点并及时补充。

（14）因施工需要放在设备区的易燃、易爆物品，应加强管理，并按规定要求使用及存放，施工后立即运走。

（15）在变电站内进行动火作业，需要到主管部门办理动火（票）手续，并采取安全可靠的措施。

（16）在电气设备发生火灾时，禁止用水进行灭火。

（17）现场消防设施不得随意移动或挪作他用。

5.1.2 巡视

1. 例行巡视

（1）防火重点部位禁止烟火的标志清晰、无破损、无脱落；安全疏散指示标志清晰、无破损、无脱落；安全疏散通道照明完好、充足。

（2）消防通道畅通，无阻挡；消防设施周围无遮挡，无杂物堆放。

（3）灭火器外观完好、清洁，罐体无损伤、变形，配件无破损、松动、变形。

（4）消防箱、消防桶、消防铲、消防斧完好、清洁，无锈蚀、破损。

（5）消防沙池完好，无开裂、漏沙。

（6）消防室清洁，无渗、漏雨；门窗完好，关闭严密。

（7）室内、外消火栓完好，无渗漏水；消防水带完好、无变色。

（8）火灾报警控制器各指示灯显示正常，无异常报警。

（9）火灾自动报警系统触发装置安装牢固，外观完好；工作指示灯正常。

（10）排油注氮灭火装置：

1）控制屏各指示灯显示正确，无异常及告警信号，工作状态正常。

2）手动启动方式按钮防误碰措施完好。

3）火灾探测器、法兰、管道、支架和紧固件无变形、无损伤、防腐层完好。

4）断流阀、充氮阀、排油阀、排气塞等位置标识清晰、位置正确，无渗漏。

5）消防柜红色标记醒目，设备编号、标识齐全、清晰、无损坏。

6）消防柜无锈迹、污物、损伤。

（11）水（泡沫）喷淋系统：

1）控制柜各指示灯显示正确，无异常及告警信号，工作状态正常。

2）设备编号、标识齐全、清晰、无损坏；感温电缆完好、无断线、损坏。

3）雨淋阀、喷雾头、管件、管网及阀门无损伤、腐蚀、渗漏；各阀门标识清晰、位置正确，工作状态正确；各管路畅通，接口、排水管口无水流。

4）消防水池水位正常。

（12）气体灭火装置：

1）灭火剂贮存容器、选择阀、液体单向阀、高压软管、集流管、阀驱动装置、管网、喷嘴等外观正常，无变形、损伤。

2) 各部件表面无锈蚀，保护涂层完好、铭牌清晰。

3) 手动操作装置的保护罩、铅封和安全标志完整；感温电缆完好。

2. 全面巡视

在例行巡视的基础上增加以下项目：

（1）灭火器检验不超期，生产日期、试验日期符合规范要求，合格证齐全；灭火器压力正常。

（2）电缆沟内防火隔墙完好，墙体无破损，封堵严密。

（3）火灾报警控制器装置打印纸数量充足。

（4）火灾自动报警系统备用电源正常，能可靠切换。

（5）火灾自动报警系统自动、手动报警正常；火灾报警联动正常。

（6）排油注氮灭火装置氮气瓶压力、氮气输出压力合格。

（7）水（泡沫）喷淋系统水泵工作正常；泵房内电源正常，各压力表完好，指示正常。

（8）气体灭火装置贮存容器内的气体压力和气动驱动装置的气动源压力符合要求。

（9）排油注氮灭火装置、水（泡沫）喷淋系统控制柜完好无锈蚀、接地良好、封堵严密、柜内无异物。

（10）排油注氮灭火装置、水（泡沫）喷淋系统基础无倾斜、下沉、破损开裂。

（11）排油注氮灭火装置、水（泡沫）喷淋系统控制屏压板的投退、启动控制方式符合变电站现场运行专用规程要求。

5.1.3 维护

1. 防火封堵检查维护

（1）每季度对防火封堵检查维护一次。

（2）当发现封堵损坏或破坏后，应及时用防火堵料进行封堵。

（3）封堵维护时防止对电缆造成损伤。

（4）封堵后，检查封堵严实、无缝隙、美观、现场清洁。

2. 消防沙池补充、灭火器检查清擦维护

（1）每月对消防器材进行一次检查维护。

（2）补充的沙子应干燥。

（3）发现灭火器压力低于正常范围时，及时更换合格的灭火器。

（4）氧化碳灭火器重量比额定重量减少十分之一时，应进行灌装。

（5）灭火器的表面保持清洁。

3. 变电站水喷淋系统、消防水系统、泡沫灭火系统检查维护

（1）每季度对水喷淋系统、消防水系统、泡沫灭火系统检查维护一次。

（2）对水喷淋系统、消防水系统、泡沫灭火系统的控制柜体及柜内驱潮加热、防潮防凝露模块和回路、照明回路、二次电缆封堵修补进行维护。

（3）当发现有渗漏时，及时对渗漏点进行处理。

（4）对松动的配件进行紧固；对损坏的配件进行更换。

（5）维护时防止装置误动作。

4. 火灾自动报警系统主机除尘，电源等附件维护

（1）每半年对火灾自动报警系统主机除尘，电源等附件维护一次。

（2）清扫时动作要轻缓，防止损坏部件。

（3）清扫后，应对各部件进行检查，防止接触不良，影响正常使用。

（4）更换插头、插座、空气开关时，更换前应切断回路电源。

（5）更换配件应使用同容量的备品。

（6）更换后应检查其完好性。

5. 火灾自动报警系统操作功能试验，远程功能核对

（1）每季度对火灾自动报警系统操作功能、远程功能核对检查试验一次。

（2）线型红外光束感烟火灾探测器、光电感烟火灾探测器、差定温火灾探测器功能试验正常。

（3）手动、自动报警功能正常。

（4）与值班调控人员核对消防报警系统告警信号正确；火灾报警联动正常。

5.1.4　典型故障和异常处理

1. 火灾报警控制系统动作

（1）现象。

1）变电站消防告警总信号发出。

2）警报音响发出。

（2）处理原则。

1）火灾报警控制系统动作时，通过安防视频观察判断，同时派人前往现场确认是否有火情发生。

2）根据控制器的故障信息或打印出的故障点码查找出对应的火情部分；若确认有火情发生，应根据情况采取灭火措施。必要时，拨打 119 报警。

3) 检查对应部位并无火情存在，且按下"复位"键后不再报警，可判断为误报警，加强对火灾报警装置的巡视检查。若按下"复位"键，仍多次重复报警，可判断为该地址码相应回路或装置故障，应将其屏蔽，及时维修。

4) 若不能及时排除的故障，应联系专业人员处理。

2. 火灾报警控制系统故障

(1) 现象。

1) 变电站消防告警总信号发出。

2) 警报音响发出。

(2) 处理原则。

1) 火灾报警控制系统动作时，立即派人前往现场检查确认故障信息。

2) 当报主电故障时，应确认是否发生主供电源停电。检查主电源的接线、熔断器是否发生断路，备用电源是否已切换。

3) 当报备电故障时，应检查备用电池的连接接线。当备用电池连续工作时间超过8h后，也可能因电压过低而报备电故障。

4) 若系统装置发生异常的声音、光指示、气味等情况时，应立即关闭电源，联系专业人员处理。

3. 排油注氮灭火装置动作发信

(1) 现象。

1) 排油注氮灭火装置动作信号发出。

2) 注氮阀开启告警信号发出。

(2) 处理原则。

1) 若现场确有火情：检查主变压器各侧断路器确已断开；检查排油注氮灭火装置正确动作；根据火情组织灭火，必要时拨打119报警；按照值班调控人员指令调整系统运行方式。

2) 若现场无火情，应检查是否为误发信号；检查户外排油注氮柜柜体密封是否良好，加热器是否正常开启。若不能恢复，联系专业人员处理。

4. 排油注氮灭火装置压力低

(1) 现象：氮气瓶欠压告警信号发出。

(2) 处理原则。

1) 现场检查排油注氮柜氮气瓶压力是否正常。

2) 若确为压力低，应及时停用排油注氮灭火装置，联系专业人员处理。

3) 若氮气压力正常，应判断是否为误报警。若不能恢复，联系专业人员处理。

5. 水喷雾灭火系统蓄水池水泵不能正常工作

(1) 现象：水喷雾灭火系统蓄水池水泵不启动。

（2）处理原则。

1）停用故障泵，启动备用泵。

2）电源问题：检查电源回路各元器件是否正常，如不能恢复，联系专业人员处理。

3）控制装置故障：检查控制开关、联锁开关位置是否正确，水位感应装置是否正常。接线是否松动等，若不能恢复，联系专业人员处理。

4）机械故障：维修更换处理。

6. 泡沫灭火装置压力异常

（1）现象：泡沫灭火装置压力异常。

（2）处理原则：现场检查泡沫灭火装置氮气瓶压力、灭火药剂容器罐压力是否正常，发现氮气压力低、灭火药剂容器罐压力低，联系专业人员处理。

7. 气体灭火装置贮存容器内的气体压力低

（1）现象：气体灭火装置贮存容器内的气体压力低。

（2）处理原则：现场检查氮气瓶压力、气体灭火装置贮存容器内的气体压力低于正常值，联系专业人员处理。

8. 控制电源异常处理

（1）现象：控制电源异常。

（2）处理原则：当发现水（泡沫）喷淋系统、气体灭火装置的控制电源异常时，应检查控制电源空气开关是否跳闸；控制电源回路是否短路；排除故障后，恢复正常运行；若无法排除故障，则联系专业人员处理。

5.2 变电站安全防范及视频监控系统

5.2.1 运行规定

（1）应有安防系统的专用规程、视频监控布置图。

（2）安防系统设备标识、标签齐全、清晰。

（3）在大风、大雪、大雾等恶劣天气后，要对室外安防系统进行特巡，重点检查报警器等设备运行情况。

（4）遇有特殊重要的保供电和节假日应增加安防系统的巡视次数。

（5）巡视设备时应兼顾安全保卫设施的巡视检查。

（6）应了解、熟悉变电站的安防系统的正常使用方法。

（7）无人值守变电站防盗报警系统应设置成布防状态。

（8）无人值守变电站的大门正常应关闭、上锁。

（9）定期清理影响电子围栏正常工作的树障等异物。

5.2.2 巡视

1. 视频监控巡视

（1）例行巡视。

1）视频显示主机运行正常、画面清晰、摄像机镜头清洁、摄像机控制灵活、传感器运行正常。

2）视频主机屏上各指示灯正常，网络连接完好，交换机（网桥）指示灯正常。

3）视频主机屏内的设备运行情况良好，无发热、死机等现象。

4）视频系统工作电源及设备正常，无影响运行的缺陷。

5）摄像机安装牢固，外观完好，方位正常。

6）围墙震动报警系统光缆完好。

7）围墙震动报警系统主机运行情况良好，无发热、死机等现象。

（2）全面巡视。在例行巡视的基础上增加以下项目：

1）摄像机的灯光正常，旋转到位，雨刷旋转正常。

2）信号线和电源引线安装牢固，无松动及风偏。

3）视频信号汇集箱无异常，无元件发热，封堵严密，接地良好，标识规范。

4）摄像机支撑杆无锈蚀，接地良好，标识规范。

2. 防盗报警系统巡视

（1）例行巡视。

1）电子围栏报警主控制箱工作电源应正常，指示灯正常，无异常信号。

2）电子围栏主导线架设正常，无松动、断线现象，主导线上悬挂的警示牌无掉落。

3）围栏承立杆无倾斜、倒塌、破损。

4）红外对射或激光对射报警主控制箱工作电源应正常，指示灯正常，无异常信号。

5）红外对射或激光对射系统电源线、信号线连接牢固。

6）红外探测器或激光探测器支架安装牢固，无倾斜、断裂，角度正常，外观完好，指示灯正常。

7）红外探测器或激光探测器工作区间无影响报警系统正常工作的异物。

（2）全面巡视。在例行巡视的基础上增加以下项目：

1）电子围栏报警、红外对射或激光对射报警装置报警正常，联动报警正常。

2）电子围栏各防区防盗报警主机箱体清洁、无锈蚀、无凝露。标牌清晰、正确，接地、封堵良好。

3) 红外对射或激光对射系统电源线、信号线穿管处封堵良好。

3．门禁系统巡视

（1）例行巡视。

1) 读卡器或密码键盘防尘、防水盖完好，无破损、脱落。

2) 电源工作正常。

3) 开关门声音正常，无异常声响。

4) 电控锁指示灯正常。

5) 开门按钮正常，无卡涩、脱落。

6) 附件完好，无脱落、损坏。

（2）全面巡视。在例行巡视的基础上增加以下项目：

1) 远方开门正常、关门可靠。

2) 读卡器及按键密码开门正常。

3) 主机运行正常，各指示灯显示正常，无死机现象，报警正常。

5.2.3　维护

1．安防系统主机除尘，电源等附件维护

对安防系统主机除尘，电源等附件的维护要求参照5.1.3的规定。

2．安防系统报警探头、摄像头启动、操作功能试验，远程功能核对维护

（1）每季对安防系统报警探头、摄像头启动、操作功能试验，远程功能核对维护。

（2）对监控系统、红外对射或激光对射装置、电子围栏进行试验，检查报警功能正常，报警联动正常。

（3）摄像头的灯光正常，雨刷旋转、移动试验正常。

（4）在对电子围栏主导线断落连接、承立杆歪斜纠正维护时，应先断开电子围栏电源。

5.2.4　典型故障和异常处理

1．电子围栏主机发告警信号

（1）现象。

1) 变电站防盗装置报警告警信号发出。

2) 报警音响信号发出。

（2）处理原则。

1）防盗装置报警动作时，立即派人前往现场检查是否有人员入侵痕迹。

2）若为人员入侵造成的报警，核查是否有财产损失，同时汇报上级管理部门。

3）若无人员入侵，根据控制箱显示的防区，检查电子围栏有无断线、异物搭挂，按"消音"键中止警报声。

4）若是围栏断线造成的报警，断开电子围栏电源，将断线处重新接好，调整围栏线松紧度，再合上电子围栏电源。

5）若为异物造成的告警，清除异物，恢复正常。

6）若检查无异常，确认是误发信号，又无法恢复正常，联系专业人员处理。

2. 电子围栏主机不工作或无任何显示

（1）现象：电子围栏主机不工作或无任何显示。

（2）处理原则。

1）应检查主机电源是否正常，回路是否断线松动，主机是否损坏。

2）若无法恢复正常，联系专业人员处理。

3. 红外对射报警

（1）现象。

1）变电站防盗装置报警告警信号发出。

2）报警音响信号发出。

（2）处理原则。

1）防盗装置报警动作时，通过安防视频观察判断防盗装置是否为误报警，安防视频无法判断时应派人前往现场确认是否有人员入侵痕迹。

2）若为人员入侵造成的报警，核查是否有财产损失，同时汇报上级管理部门。

3）根据控制箱显示的防区，检查报警区域两个探头之间有无异物阻断遮挡，按"消音"键中止警报声。

4）若无异物，复归报警即可。

5）若有异物，立即清除。

6）若属于误报，不能恢复正常，联系专业人员处理。

4. 视频监控主机无图像显示，无视频信号

（1）现象：视频监控主机无图像显示，无视频信号。

（2）处理原则。

1）检查电源、变压器、电源线及回路等是否正常。

2）检查显示器、主机是否正常工作。

3）检查交换机是否正常工作，数据线是否脱落。

4）不能恢复正常，联系专业人员处理。

5. 视频监控云台、高速球无法控制、控制失灵

（1）现象：视频监控云台、高速球无法控制、控制失灵。

（2）处理原则：

1）应检查设备有无明显损坏，回路是否完好。

2）断合故障摄像机的电源，重启视频系统主机。

3）故障仍没有消除，联系专业人员处理。

5.3 变电站防汛系统

5.3.1 运行规定

（1）雨季来临前对可能积水的地下室、电缆沟、电缆隧道及场区的排水设施进行全面检查和疏通，做好防进水和排水措施。

（2）应每年组织修编变电站防汛应急预案和措施，定期组织防汛演练。

（3）防汛物资配置、数量、存放符合要求。

5.3.2 巡视

1. 每年汛期前对防汛设施、物资进行全面巡视

（1）潜水泵、塑料布、塑料管、沙袋、铁锹完好。

（2）应急灯处于良好状态，电源充足，外观无破损。

（3）站内地面排水畅通、无积水。

（4）站内外排水沟（管、渠）道应完好、畅通，无杂物堵塞。

（5）变电站各处房屋无渗漏，各处门窗完好，关闭严密。

（6）集水井（池）内无杂物、淤泥，雨水井盖板完整，无破损，安全标识齐全。

（7）防汛通信与交通工具完好。

（8）雨衣、雨靴外观完好。

（9）防汛器材检验不超周期，合格证齐全。

（10）变电站屋顶落水口无堵塞；落水管固定牢固，无破损。

（11）站内所有沟道、围墙无沉降、损坏。

（12）水泵运转正常（包括备用泵），主备电源、手自动切换正常。控制回路及元器件无过热，指示正常。变电站内外围墙、挡墙和护坡无异常、无开裂、无

坍塌。

(13) 变电站围墙排水孔护网完好，安装牢固。

2. 特殊巡视

大雨前后检查以下项目：

(1) 地下室、电缆沟、电缆隧道排水畅通，无堵塞，设备室潮气过大时做好通风除湿。

(2) 变电站围墙外周边沟道畅通，无堵塞。

(3) 变电站房屋无渗漏、无积水；下水管排水畅通，无堵塞。

(4) 变电站围墙、挡墙和护坡有无异常。

5.3.3 维护

1. 电缆沟、排水沟、围墙外排水沟维护

(1) 在每年汛前应对水泵、管道等排水系统，电缆沟（或电缆隧道），通风回路，防汛设备进行检查、疏通，确保畅通和完好通畅。

(2) 对于破坏、损坏的电缆沟、排水沟，要及时修复。

2. 水泵维护

(1) 每年汛前对污水泵、潜水泵、排水泵进行启动试验，保证处于完好状态。

(2) 对于损坏的水泵，要及时修理、更换。

5.3.4 典型故障和异常处理

1. 排水沟堵塞，站内排水不通畅

(1) 现象：排水沟堵塞，站内排水不通畅。

(2) 处理原则：

1) 清除排水沟内杂物，使排水沟道畅通。

2) 排水沟损坏，及时修复。

2. 站内外护坡坍塌、开裂，围墙变形、开裂，房屋渗漏等

(1) 现象：站内外护坡坍塌、开裂，围墙变形、开裂，房屋渗漏。

(2) 处理原则：

1) 应将损坏情况及时汇报上级管理部门。

2) 对运行设备造成影响的，应采取临时应急措施。

3) 在问题没有解决前，应对损坏情况加以监视，及时将发展情况汇报上级管理部门。

5.4 变电站采暖、通风、制冷、除湿系统

5.4.1 运行规定

（1）采暖、通风、制冷、除湿设施参数设置应满足设备对运行环境的要求。

（2）根据季节天气的特点，调整采暖、通风、制冷、除湿设施运行方式。

（3）定期检查采暖、通风、制冷、除湿设施是否正常。

（4）进入 SF_6 设备室，入口处若无 SF_6 气体含量显示器，应手动开启风机，强制通风 15min。

（5）蓄电池室采用的采暖、通风、制冷、除湿设备的电源开关、插座应设在室外。

（6）室内设备着火，在未熄灭前严禁开启通风设施。

5.4.2 巡视

1. 例行巡视

（1）采暖器洁净完好、无破损，输暖管道完好，无堵塞、漏水。

（2）电暖器工作正常，无过热、异味、断线。

（3）空调室内、外机外观完好，无锈蚀、损伤；无结露或结霜；标识清晰。

（4）空调、除湿机运转平稳、无异常振动声响；冷凝水排放畅通。

（5）风机外观完好，无锈蚀、损伤；外壳接地良好；标识清晰。

2. 全面巡视

在例行巡视的基础上增加以下项目：

（1）通风口防小动物措施完善，通风管道、夹层无破损，隧道、通风口通畅，排风扇扇叶中无鸟窝或杂草等异物。

（2）空调、除湿机内空气过滤器（网）和空气热交换器翅片应清洁、完好。

（3）空调、除湿机管道穿墙处封堵严密，无雨水渗入。

（4）风机电源、控制回路完好，各元器件无异常。

（5）风机安装牢固，无破损、锈蚀。叶片无裂纹、断裂，无擦刮。

（6）空调、除湿机控制箱、接线盒、管道、支架等安装牢固，外表无损伤、锈蚀。

（7）空调、除湿机室内、外机安装应牢固、可靠，固定螺栓拧紧，并有防松动措施。

5.4.3 维护

1. 通风系统维护

（1）每月进行一次站内通风系统的检查维护。

（2）检查风机运转正常、无异常声响，空调开启正常、排水通畅、滤网无堵塞。

（3）通风管道、夹层、隧道、通风口进行检查，保证通风口通畅无异物。

（4）及时修理、更换损坏的风机。

2. 风机维护

（1）若出现风机不转，应检查风机电源是否正常，控制开关是否正常。

（2）若更换电动机，应更换同功率的电动机。

（3）更换电动机前，应将回路电源断开。

（4）拆除损坏电动机接线时，应做好标记。

（5）更换电动机后，检查电动机安装牢固，运行正常，无异常声响。

5.4.4　典型故障和异常处理

1. 风机不转

（1）现象：风机不转。

（2）处理原则：

1）应检查是否有异物卡涩，清除异物，恢复风机正常运转。

2）检查风机电源、控制开关是否正常。

3）若控制开关损坏，需断开风机电源进行更换。

4）若电动机本身故障，应更换电动机。

2. 空调、除湿机不工作

（1）现象：空调、除湿机不工作。

（2）处理原则：

1）应检查工作电源是否正常。

2）当出现异常停机时，重新开启空调、除湿机。

3）若无法使故障排除，应联系专业人员处理。

5.5　变电站给排水系统

5.5.1　运行规定

（1）冬季来临前应做好给排水系统室内、外设备防冻保温工作。

（2）变电站各类建筑物为平顶结构时，定期对排水口进行清淤，雨季、大风天气前后增加特巡，以防淤泥、杂物堵塞排水管道。

（3）定期对水池、水箱的进行维修养护，若遇特殊情况可增加清洗次数。

（4）定期对水泵进行切换试验，水泵工作应无异常声响或大的振动，轴承的润滑情况良好，电动机无异味。

（5）站内给水池、水塔、水箱等生活卫生储水设施容量充足，应定期检查水量并及时补充。

5.5.2 巡视

1. 例行巡视

（1）水泵房通风换气情况良好，环境卫生清洁。

（2）给排水设备阀门、管道完好，无跑、冒、滴、漏现象；寒冷地区，保温措施齐全。

（3）水池、水箱水位正常，相连接的供水管阀门状态正常。

（4）场地排水畅通，无积水。

（5）站内外排水沟（管、渠）道完好、畅通，无杂物堵塞。

2. 全面巡视

在例行巡视的基础上增加以下项目：

（1）水泵运转正常（包括备用泵），主备电源、手自动切换正常。

（2）水泵控制箱关闭严密，控制柜无异常，表计或指示灯显示正确。

（3）集水井（池）、雨水井、污水井、排水井内无杂物、淤泥，无堵塞。

（4）房屋屋顶落水口无堵塞；落水管固定牢固，无破损。

（5）给排水管道支吊架的安装平整、牢固，无松动、锈蚀。

（6）各水井的盖板无锈蚀、无破损、盖严，安全标识齐全。

（7）电缆沟内过水槽排水通畅、沟内无积水，出水口无堵塞。

（8）围墙排水孔护网完好，安装牢固。

5.5.3 典型故障和异常处理

1. 工作水泵停止工作

（1）现象：工作水泵停止工作。

（2）处理原则：

1）应先检查水泵电源是否正常，回路是否异常。

2）若无电源，手动投入备用电源。

3）若电源正常，则可能水泵故障，手动投入备用泵。

4）联系专业人员修理故障泵。

2. 阀门或接头漏水

（1）现象：阀门或接头漏水。

（2）处理原则：

1）检查阀门或接头是否松动，用工具紧固。

2）若是阀门或接头损坏，关闭总阀门，更换阀门或接头。

3. 地漏堵塞不通

（1）现象：地漏堵塞不通。

（2）处理原则：

1）可先用专用工具试通。

2）若仍不能疏通，联系专业人员修理。

5.6　变电站照明系统

5.6.1　运行规定

（1）变电站室内工作及室外相关场所、地下变电站均应设置正常照明；应该保证足够的亮度，照明灯具的悬挂高度应不低于2.5m，低于2.5m时应设保护罩。

（2）室外灯具应防雨、防潮、安全可靠，设备间灯具应根据需要考虑防爆等特殊要求。

（3）在控制室、保护室、开关室、GIS室、电容器室、电抗器室、消弧线圈室、电缆室应设置事故应急照明，事故照明的数量不低于正常照明的15%。

（4）在电缆室、蓄电池室应使用防爆灯具，开关应设在门外。

（5）定期对带有漏电保护功能的空气开关测试。

5.6.2　巡视

1. 例行巡视

（1）事故、正常照明灯具完好，清洁，无灰尘。

（2）照明开关完好；操作灵活，无卡涩；室外照明开关防雨罩完好，无破损。

（3）照明灯具、控制开关标识清晰。

2. 全面巡视

在例行巡视的基础上增加以下项目：

（1）照明灯杆完好，灯杆无歪斜、锈蚀，基础完好，接地良好。

（2）照明电源箱完好，无损坏，封堵严密。

5.6.3　维护

（1）每季度对室内、外照明系统维护一次。

（2）每季度对事故照明试验一次。

（3）需更换同规格、同功率的备品。

（4）更换灯具、照明箱时，需断开回路的电源。

（5）更换灯具、照明箱后，检查工作正常。

（6）拆除灯具、照明箱接线时，做好标记，并进行绝缘包扎处理。

（7）更换室外照明灯具时，要注意与高压带电设备保持足够的安全距离。

5.6.4　典型故障和异常处理

1. 灯具、照明箱损坏

（1）现象：灯具、照明箱损坏。

（2）处理原则：

1）在拆除损坏灯具、照明箱回路前，核实并断开灯具、照明箱回路电源。

2）确认无电压后拆除灯具、照明箱回路接线，并做好标记。

3）更换灯具、照明箱后，按照标记恢复接线，投入回路电源，检查工作正常。

2. 照明开关、电源开关损坏

（1）现象：照明开关、电源开关损坏。

（2）处理原则：

1）在拆除照明开关、电源开关损坏回路前，核实并断开照明箱回路上级电源。

2）确认无电压后拆除照明开关、电源开关回路接线，并做好标记。

3）更换照明开关、电源开关后，按照标记恢复接线，投入回路电源，检查工作正常。

5.7　变电站 SF_6 气体含量监测系统

5.7.1　运行规定

（1）SF_6 探测器和 SF_6 前置显示设备直接从智能辅助监控屏取电源，无独立电源开关。

（2）SF_6 探测器正常运行 LED 指示灯亮。

（3）SF_6探测器在检测到当前环境的氧气浓度低于18％的时候，面板报警灯会常亮，SF_6前置显示会语音报警，环动主机启动风机排风。当氧气浓度回到18％以上的时候，报警自动恢复。

（4）当SF_6的浓度超过$3000\mu L/L$，环动主机启动风机排风。SF_6排出浓度低于$3000\mu L/L$停止风机，SF_6前置显示装置报警自动回复。

5.7.2 典型故障和异常处理

（1）SF_6探测器 LED 指示灯不亮，应检查探测器接线，若接线正常，上报变电运维室通知厂家处理。

（2）SF_6前置显示设备不工作，报变电运维室通知厂家处理。

（3）当SF_6前置显示装置发出告警信号（氧气浓度低于18％或SF_6浓度超过3000×10^{-6}），但风机不启动，手动启动风机排风，检查环动主机工作前置面板。

5.8 变电站在线监测系统

5.8.1 运行规定

（1）在线监测设备等同于主设备进行定期巡视、检查。

（2）在线监测装置告警值的设定由各级运检部门和使用单位根据技术标准或设备说明书组织实施，告警值的设定和修改应记录在案。

（3）在线监测装置不得随意退出运行。

（4）在线监测装置不能正常工作，确需退出运行时，应经运维单位运检部审批并记录后方可退出运行。

5.8.2 巡视

（1）检查检测单元的外观应无锈蚀、密封良好、连接紧固。

（2）检查电（光）缆的连接无松动和断裂。

（3）检查油气管路接口应无渗漏。

（4）检查就地显示面板应显示正常。

（5）检查数据通信情况应正常。

（6）检查主站计算机运行应正常。

（7）检查监测数据是否在正常范围内，如有异常应及时汇报。

5.8.3 维护

（1）各类在线监测装置具体维护项目及要求按照厂家说明书执行。

（2）运维人员定期对在线监测装置主机和终端设备外观清扫后，检查电（光）缆连接正常，接地引线、屏蔽牢固。

（3）被监测设备检修时，应对在线监测装置进行必要的维护。

5.9 变电站智能巡检机器人系统

5.9.1 概述

本站智能巡检机器人系统由杭州申昊机器人有限公司生产，能够自主进行变电站巡检作业或远程视频巡视等任务。巡检系统主要由巡检机器人、机器人控制主机、电源系统组成，全站巡检点总数共 555 个，设备巡视周期为每周一次。

5.9.2 运行操作注意事项

1. 软件登录

打开主控桌上的机器人控制电脑，在电脑桌面上找到机器人软件快捷方式，双击打开，输入用户名及密码，用户名及密码均为：admin。

2. 巡检任务

（1）实时任务添加：类型可选择全面巡检、例行巡检及专项巡检，选中任务类型后，点击左下角的"添加任务"，再点击右边任务界面的"开始任务"，机器人便可以执行任务。

（2）特殊巡检任务添加：选择任务类型为特殊巡检，然后依次选择所要让机器人巡检的区域→间隔→设备类型→设备名称→识别类型，再点击"》》"添加到右边任务下达框内，点击添加任务，此时任务会出现在右侧任务发布栏里，点击开始任务后，机器人便开始执行特殊巡检任务。

（3）定时下达任务：需先把要让机器人巡检的间隔、区域，以及巡检类型先收藏。然后设置任务开始的时间及巡检周期后，机器人便开始自动定时巡检。

3. 巡检结果审查

（1）点击界面菜单栏中的"巡检报表"，选择所要查询的时间段后点击查询，会弹出巡检结果列表。

（2）依次查看列表中每个点位是否正常，重点关注告警点位，双击告警行，查看所拍红外照片及可见光照片，判断是否机器人拍摄异常导致，若为电气设备本身异常，视紧急程度安排现场进行核实处理。

（3）若要查看整体报表，可先点击"报表预处理"，再点击"导出 Excel"，导出后直接打开进行查看。

4. 数据分析

（1）点击界面菜单栏中的"数据分析"，设定所要查询的时间段。

（2）勾选所要查询的采集类型，点击查询，左边界面会列出各设备巡检结果列表。

（3）勾选所要查看的设备，右边界面会以列表及分析图表的型式，呈现历史数据分析。

（4）根据数据分析图，可对该设备的缺陷发展趋势进行判断，做出相应管理决策。

5. 其他注意事项

（1）恶劣天气，如台风、冰雹等，须终止巡检机器人工作。

（2）如遇站内土建施工、大型检修等对机器人正常巡检通道造成破坏时，需中止机器人定时任务，避免造成机器人翻车、烧熔丝等事故。

（3）在机器人调试完成后，站内大的树木和标志性的建筑物尽量不要进行移动，以免机器人出现地图无法进行匹配，导致跑偏。如必须移动，需联系机器人厂家进行地图更新。

5.9.3　检修后验收

按《220kV 变电站现场运行通用规程》《国家电网公司变电验收管理规定细则》相关规定执行。

5.9.4　异常处理

1. 机器人拒绝执行任务

下达执行任务后，机器人在充电房无反应，可按如下方法进行操作：

（1）先查看软件上有无报异常，检查机器人电量是否超过 20%。

（2）再到机器人房查看充电房门禁是否正常，门是否开启。

（3）检查机器人是否停在 0 点坐标上。

（4）检查机器人指示灯是否为常绿状态，如有黄灯闪烁，重启机器人。

（5）无法处理时，在辅控平台上报缺陷，联系机器人厂家进行消缺。

2. 机器人场地趴窝

发现机器人在场地趴窝，可按如下方法进行操作：

（1）检查前方有无障碍物，盖板是否掀起。

（2）检查周边环境是否有大的改变，比如堆放有大的设备，停放有施工车辆等。

（3）上述条件均已排除，可先在机器人控制主机上停止正在执行的任务，点击"一键充电"，机器人正常返回充电后，确保电量足够，再执行相应任务。

（4）若机器人仍无反应，可通过遥控器将机器人或手动将机器人推回充电房进行充电，并在辅控平台上报缺陷，联系机器人厂家进行消缺。

3. 机器人多次偏航

（1）检查机器人巡检通道两旁草木是否长势过高，以及周边环境有无较大变动。

（2）并在辅控平台上报缺陷，联系机器人厂家进行消缺。

4. 机器人尾灯报警释义

机器人正常工作时尾灯为绿灯常亮，当出现异常时，尾灯会通过黄绿灯组合，报出相应告警信号，尾灯报警释义见5-1。

表 5-1 机器人尾灯报警释义

序号	功能	报警灯
1	正常	绿灯常亮
2	节点异常报警	2黄1绿
3	直流电机报警	3黄1绿
4	堵转报警	4黄1绿
5	转90°报警	5黄1绿
6	超声波停障报警	6黄1绿
7	转向电机报警	2黄2绿
8	光电编码器异常提示	3黄3绿
9	工控机通信异常报警	4黄2绿
10	急停报警	5黄2绿
11	探测到沟报警	6黄2绿
12	超声波故障报警	7黄1绿
13	激光异常报警	7黄2绿
14	云台异常报警	8黄1绿

其他异常按《220kV变电站现场运行通用规程》《国家电网公司变电运维管理规定（试行）运维细则》相关规定执行。

第6章 变电倒闸操作及事故紧急处理

6.1 倒闸操作基本概念及操作原则

电气设备倒闸操作，其实质是进行电气设备状态间的转换。倒闸操作是变电站值班员的一项重要工作。变电站电气设备有 4 种稳定的状态，即运行状态、热备用状态、冷备用状态和检修状态。

运行状态。电气设备运行状态是指电气设备的隔离开关和断路器都在合上的位置，并且电源至受电端之间的电路连通（包括辅助设备，如电压互感器、避雷器等）。

热备用状态。电气设备热备用状态是指设备仅仅靠断路器断开，而隔离开关都在合上位置，即没有明显的断开点，其特点是断路器一经合闸即可将设备投入运行。

冷备用状态。电气设备冷备用状态是指设备的断路器和隔离开关均在断开位置。

检修状态。电气设备检修状态是指设备的所有断路器、隔离开关均在断开位置，装设接地线或合上接地开关。

6.1.1 倒闸操作的基本原则和一般规定

1. 倒闸操作的基本原则

倒闸操作的基本原则是严禁带负荷拉、合隔离开关，不能带电合接地开关或带电装设接地线。因此，停送电的基本原则如下：

（1）停电操作原则。先断开断路器，然后拉开负荷侧隔离开关，再拉开电源侧隔离开关。

（2）送电操作原则。先合上电源侧隔离开关，然后合上负荷侧隔离开关，最后合上断路器。

2. 倒闸操作一般规定

为了保证倒闸操作的安全顺利进行，倒闸操作技术管理规定如下：

（1）正常倒闸操作必须根据调度值班人员的指令进行操作。

（2）正常倒闸操作必须填写操作票。

（3）倒闸操作必须两人进行。

（4）正常倒闸操作尽量避免在下列情况下操作：①变电站交接班时间内；②负荷处

于高峰时段；③系统稳定性薄弱期间；④雷雨、大风等恶劣天气；⑤系统发生事故时；⑥有特殊供电要求。

（5）电气设备操作后必须检查确认实际位置。

（6）下列情况下，变电站值班人员不经调度许可能自行操作，操作后须汇报调度：①将直接对人员生命有威胁的设备停电；②确定在无来电可能的情况下，将已损坏的设备停电；③确认母线失电，拉开连接在失电母线上的所有断路器。

（7）设备送电前必须检查确认有关保护装置已投入。

（8）操作中发现疑问时，应立即停止操作，并汇报调度，查明问题后再进行操作。操作中具体问题处理规定如下：①操作中发现防误闭锁装置失灵，不得擅自解锁，应查明原因，按现场有关规定履行解锁操作程序，进行解锁操作；②操作中出现影响操作安全的设备缺陷，应立即汇报值班调度员，并初步检查缺陷情况，由调度决定是否停止操作；③操作中发现系统异常，应立即汇报值班调度员，得到值班调度员同意后，才能继续操作；④操作中发现操作票有错误，应立即停止操作，将操作票改正后才能继续操作；⑤操作中发生误操作事故，应立即汇报调度，采取有效措施，将事故控制在最小范围内，严禁隐瞒事故。

（9）事故处理时可不用操作票。

（10）倒闸操作必须具备下列条件才能进行操作：①变电站值班人员须经过安全教育培训、技术培训，熟悉工作业务和有关规程制度，经考试合格上岗，有关主管领导批准并书面公布后，方能接受调度指令，进行操作或监护工作；②要有与现场设备和运行方式一致的一次系统模拟图，要有与实际相符的现场运行规程，继电保护自动装置的二次回路图纸及定值整定计算书；③设备应达到防误操作的要求，不能达到的须经上级部门批准；④倒闸操作必须使用统一的电网调度术语及操作术语；⑤要有合格的安全工器具、操作工具、接地线等设施，并设有专门的存放地点；⑥现场一、二次设备应有正确、清晰的标示牌，设备的名称、编号、分合位指示、运动方向指示、切换位置指示以及相别标识齐全。

6.1.2　倒闸操作程序

倒闸操作一般程序如图 6-1 所示。

6.1.3　典型倒闸操作原则及要求

1. 主变压器操作

（1）主变压器停送电规定。

1）变压器充电时，应选择保护完备、励磁涌流影响较小的电源侧进行充电。充电前检查电源电压，使充电后变压器各侧电压不超过其相应分头电压的 5%。一般应先合电源侧开关，后合负荷侧开关；停电时则反之。

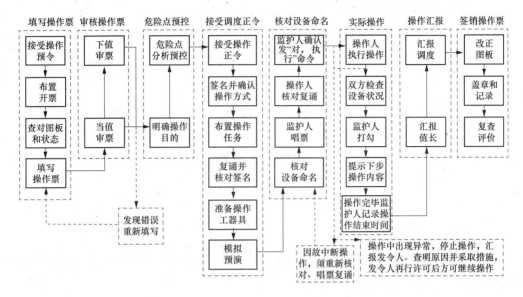

图 6-1　倒闸操作一般程序

2）三绕组变压器的停电顺序应按照低、中、高的顺序依次进行，送电时顺序相反。

3）并列运行的变压器，倒换中性点接地开关时，应先合上要投入的中性点接地开关，然后拉开要停用的中性点接地开关。

4）变压器在停、送电前，中性点必须接地，并投入接地保护。变压器投入运行后，再根据继电保护的规定，改变中性点接地方式和保护方式。

5）新装变压器投入运行时，应以额定电压进行冲击，冲击次数和试运行时间按有关规定或启动措施执行；变压器空载运行时，应防止空载电压超过允许值。新投运的变压器应经五次全电压冲击合闸。进行过器身检修及改动的老变压器应经三次全电压冲击合闸无异常后方可投入运行。励磁涌流不应引起保护装置的误动作。

6）新投或保护回路检修后的变压器在冲击合闸前，差动保护、瓦斯保护等所有保护都必须投入跳闸；冲击成功后退出差动保护，待带负荷检查正确后再投入。

7）变压器高压侧与系统断开时，由中压侧向低压侧（或相反方向）送电，变压器高压侧的中性点必须可靠接地。变压器中压侧与系统断开时，由高压侧向低压侧（或相反方向）送电，变压器中压侧的中性点必须可靠接地。

8）主变压器改为检修，应停用保护装置联跳、启动闭锁压板，主变压器送电操作前投入。

9）运行中的变压器进行滤油、补油、换潜油泵及当油位异常或呼吸系统异常，需要放气或放油等情况时，重瓦斯保护应投信号位置，运行 2h 无异常后，方可将其投入"跳闸位置"。

（2）主变压器并列操作要求、方法。

1）变压器并列运行的条件：接线组别相同、电压比相同、短路电压相等。

2）电压比不同和短路电压不等的变压器经计算和试验，在任一台都不会发生过负荷的情况下，可以并列运行。

3）新装或变动过内外连接线的变压器，并列运行前必须核定相位。

4）变压器并列的方法：一般情况下，两台主变压器并列运行前，要检查两台主变压器分接头在可并列位置。变压器应按照先高压侧并列，后中、低压侧的顺序进行并列，解列时顺序相反。

2. 线路操作

（1）线路停送电规定。

1）线路停电操作应该先断开线路断路器，然后拉开负荷侧隔离开关，最后拉开电源侧隔离开关。线路送电操作与此相反。

2）线路两侧纵联保护，保护通道应同时投入、停用。开关合闸前，运维值班员必须检查继电保护已按规定投入。

3）新建、改建的输电线路，冲击合闸后应核对相位，核对无误后方可继续进行其他操作。

4）线路停电检修时应拉开该线路电压互感器的一次隔离开关和二次空气开关，防止电压互感器向该线路反送电。

（2）线路停送电操作顺序。

1）以 220kV 线路为例，220kV 线路由运行改为检修的操作步骤：①拉开停电线路断路器（遥控操作）；②依次拉开停电线路负荷侧隔离开关、电源侧隔离开关；③停用停电线路失灵保护、重合闸（若需要时）；④验明停电线路确无电压后，合上接地开关（或装设接地线）。

2）220kV 线路由检修改为运行的操作步骤与此相反。

3. 电抗器、电容器操作

（1）电容器不得连续合闸，须经充分放电（不少于 5min）后再进行合闸；事故处理也不得例外。

（2）电容器的投入与退出必须用断路器操作，不允许使用隔离开关操作。电容器开关禁止加装重合闸。

（3）不允许并联电抗器与并联电容器同时投入运行。

（4）星形接线的电容器检修时中性点应接地。

（5）电抗器、电容器操作对母线、无功的影响及要求：应严格按照并联电容器的停送电顺序进行操作，母线停电时，应先拉开电容器开关，后拉断路器；母线送电时，应先合上各路出线断路器，带上一定负荷后，再根据母线电压的高低，决定是否投入电容器，以防止带电空载母线因电容器向系统输出大量无功功率而致使母线电压过度升高或发生谐振现象。为防止过电压和当空载变压器投入时可能引起与电容器发生铁磁谐振产生的过电流，在投入变压器前不应投入电容器组。

4. 消弧线圈操作

（1）消弧线圈装置运行中从一台变压器的中性点切换到另一台时，必须先将消弧线圈断开后再切换。

（2）主变压器和消弧线圈装置一起停电时，应先拉开消弧线圈的隔离开关（刀闸），再停主变压器，送电时相反。

（3）系统中发生单相接地时，禁止操作或手动调节该段母线上的消弧线圈。

5. 母线操作

（1）母线停送电规定：

1）母线的倒换操作，必须使用母联断路器。

2）合上母联（分段）断路器前，应尽量减少两母线的电位差。

3）用母联断路器向母线充电时，运维人员应在充电前投入母联充电保护或启用母差充电保护，充电正常后退出。

4）母线倒闸操作前应先投入母差保护屏手动互联压板，然后拉开母联断路器控制电源，倒闸操作完毕后应检查电压切换良好，母差及一次设备保护隔离开关辅助触点位置与一次设备状态对应，母差、一次设备保护无异常告警信号，再合上母联断路器控制电源并退出手动互联压板。

5）母线停电前，有站用电源接于停电母线上的，应先做好站用电源的调整。

6）母线停电在拉开母联断路器之前，应再次检查需倒回路是否均倒至另一组运行母线上，并检查母联断路器电流指示为零。

7）母线倒闸操作时，应考虑对母差保护的影响和二次回路相应的切换，各组母线电源与负荷分布是否合理，应避免在母差保护退出的情况下进行母线倒闸操作。

8）倒母线操作中，"切换继电器同时动作"信号不能复归时不得拉开母联断路器，严防电压互感器二次回路反送电。

9）双母线分段接线方式倒母线时，应逐段进行。一段操作完毕，再进行另一段的倒母线操作。不得拉开与操作无关的母联、分段断路器控制电源。

10）进行母线倒闸操作时还应注意：对母差保护的影响；各段母线上电源与负荷分布的合理性；主变压器中性点接地方式的适应性；防止电压互感器对停电母线反充电；向母线充电时，应注意防止出现铁磁谐振或因母线三相对地电容不平衡而产生过电压。

（2）母线停送电操作顺序。110kV/220kV 双母线并联运行时，一条母线由运行改为检修的操作顺序：

1）检查母联断路器确在合位。

2）投入母差保护互联压板。

3）拉开母联断路器控制电源。

4）合上元件倒向的母线隔离开关。

5）隔离开关操作后检查相关二次回路切换正常。

6）拉开元件倒出的母线隔离开关。

7）隔离开关操作后检查相关二次回路切换正常。

8）合上母联断路器控制电源，退出互联压板。

9）检查母联断路器电流指示为零、停电母线已倒空。

10）拉开母联断路器。

11）拉开母联断路器两侧隔离开关。

12）拉开母线电压互感器二次侧快分开关（或取下二次熔丝）。

13）拉开母线电压互感器隔离开关。

14）验明确无电压后，合上母线接地开关或装设接地线。

6. 隔离开关与接地开关操作

（1）允许隔离开关（闸刀）直接进行操作的范围：

1）在电网无接地故障时，拉合电压互感器。

2）在无雷电活动时拉合避雷器。

3）拉合 220kV 及以下母线和直接连接在母线上设备的电容电流。

4）在电网无接地故障时，拉合变压器中性点接地开关。

5）与断路器并联的旁路隔离开关，当断路器合好时，可以拉合断路器的旁路电流。

（2）隔离开关操作规定：

1）拉合隔离开关前，应先检查断路器确已拉开，防止带负荷拉合隔离开关。合上隔离开关前，应检查送电范围内接地开关已拉开（接地线已拆除），防止带接地开关（接地线）合闸送电。

2）手动合隔离开关应迅速、果断，但合闸终了时不可用力过猛。合闸后应检查动、静触头是否合闸到位，接触是否良好。

3）手动分隔离开关，开始时应慢而谨慎；当动触头刚离开静触头时，应迅速，拉开后检查动、静触头断开情况。

4）在手动分、合闸操作过程中，注意隔离开关分合速度与拉弧是否正常。当遇到操作障碍时，应认真分析，找出问题所在，切勿盲目地猛力拉合，以免发生机构或支撑部件损坏。

对于隔离开关的就地操作，应做好支柱绝缘子断裂的风险分析与预控，监护人员应严格监视隔离开关动作情况，操作人员应视情况做好及时撤离的准备。

5）隔离开关在操作过程中，如有卡滞、动触头不能插入静触头、合闸不到位等现象时，应停止操作，待缺陷消除后再继续进行。

6）发生带负荷误拉隔离开关时，在隔离开关动、静触头分离时，发现弧光应立即将隔离开关合上。已拉开时，不准再合上。发生带负荷错合隔离开关，无论是否造成事故均不准将错合的隔离开关再拉开。

7）远方操作时，拉开、合上隔离开关后，应检查现场实际位置，以免传动机构或控制回路有故障出现拒分或拒合。

7. 继电保护及安全自动装置操作

（1）一次设备至少应保证有一套完整的保护装置投入运行，双重化配置的保护装置如需全部退出，应申请值班调控人员将被保护的一次设备退出运行。

（2）电气设备不允许无保护运行。运行中的保护装置，运维人员根据相应调控指令执行对保护装置的投入、停用、改变使用方式、切换定值区等操作。

（3）凡一次操作过程中涉及继电保护装置可能误动时，应先将可能误动的保护退出，操作完毕后，按正常方式投入。

（4）一次设备处于运行状态、热备用状态时，保护装置出口压板、功能压板均应按要求投入。

（5）当一次设备（母线除外）处于冷备用状态时，应将失灵回路的远切、远跳、联切、联跳压板全部退出，本间隔保护跳闸压板和功能压板可投入。

（6）新安装的或一、二次回路有过变动的方向保护及差动保护，必须在负荷状态下进行相位测定。

（7）微机保护的投停操作要求：停用全套保护装置时，应先停用保护装置所有出口压板；拉合保护装置直流电源前，应先停用保护装置所有出口压板；退出保护装置的部分保护功能时，只需停用该保护的功能压板；投入保护装置出口压板前应检查保护装置运行正常；压板操作前，应先核对压板名称、编号、状态，在投入保护出口压板后应检查接触是否良好，在停用出口压板后应检查是否到位。

8．验电接地操作

（1）验电接地操作步骤（以装设接地线为例）：

1）操作人、监护人共同核对地线编号，监护人在操作票上记录地线编号。

2）在临近有电间隔试验验电器完好，确认验电器合格。

3）回到验电处，验明设备 A、B、C 三相确无电压。

4）装设接地线。

5）装设接地线后，监护人应检查三相接地线线夹与设备夹紧。

6）验电接地完毕。

（2）验电操作要求：

1）验电时，应使用相应电压等级且合格的接触式验电器，在装设接地线或合接地开关处对各相分别验电。验电前，应先在有电设备上进行试验，确认验电器良好；无法在有电设备上进行试验时可用工频高压发生器等确认验电器良好。

2）高压验电应戴绝缘手套。验电器的伸缩式绝缘棒长度应拉足，验电时手应握在手柄处不得超过护环，人体应与验电设备保持 Q/GOW 1799.1—2013《电力安全工作工程　变电部分》中规定的距离。雨雪天气时不得进行室外直接验电。

表示设备断开和允许进入间隔的信号、经常接入的电压表等，如果指示有电，禁止在设备上工作。

3）直接验电与间接验电的规定：对无法进行直接验电的设备、高压直流输电设备和雨雪天气时的户外设备，可以进行间接验电，即通过设备的机械指示位置、电气指示、带电显示装置、仪表及各种遥测、遥信等信号的变化来判断。判断时，至少应有两个非同样原理或非同源的指示发生对应变化，且所有这些确定的指示均已同时发生对应变化，才能确认该设备已无电。以上检查项目应填写在操作票中作为检查项。检查中若发现其他任何信号有异常，均应停止操作，查明原因。若进行遥控操作，可采用上述的间接方法或其他可靠的方法进行间接验电。

（3）接地操作的要求：

1）装设接地线应由两人进行（经批准可以单人装设接地线的项目及运维人员除外）。

2）当验明设备确已无电压后，应立即将检修设备接地并三相短路。电缆及电容器接地前应逐相充分放电，星形接线电容器的中性点应接地、串联电容器及与整组电容器脱离的电容器应逐个多次放电，装在绝缘支架上的电容器外壳也应放电。

3）在配电装置上，接地线应装在该装置导电部分的规定地点，应去除这些地点的油漆或绝缘层，并划有黑色标记。所有配电装置的适当地点，均应设有与接地网相连的接地端，接地电阻应合格。接地线应采用三相短路式接地线，若使用分相式接地线时，应设置三相合一的接地端。

4）装设接地线应先接接地端，后接导体端，接地线应接触良好，连接应可靠。拆接地线的顺序与此相反。装、拆接地线导体端均应使用绝缘棒和戴绝缘手套。人体不得碰触接地线或未接地的导线，以防止触电。带接地线拆设备接头时，应采取防止接地线脱落的措施。

5）成套接地线应用由透明护套的多股软铜线和专用线夹组成，接地线截面积不得小于 $25mm^2$，同时应满足装设地点短路电流的要求。禁止使用其他导线接地或短路。接地线应使用专用的线夹固定在导体上，禁止用缠绕的方法进行接地或短路。

6）装、拆接地线，应做好记录，交接班时交代清楚。

9. 遥控操作

遥控操作、程序操作的设备应满足有关技术条件：

（1）断路器远方操作时，至少应有两个指示发生对应变化，且所有这些确定的指示均已同时发生对应变化，才能确认该设备已操作到位。

（2）对遥控回路各切换开关的规定：正常运行时，变电站所有运行或热备用状态的断路器选择方式切换把手应置于"远方"位置，遥控压板应置于投入位置；设备检修过程中需要进行遥控操作试验时，现场运维人员将试验断路器选择方式切换把手切至"远方"位置后，向值班调控人员提出遥控试验要求，遥控试验时现场运维人员应告知值班调控人员所遥控设备的三重名称，即变电站名称、设备名称及编号，并停用其余非试验设备遥控出口压板，将其余非试验设备选择方式把手切至"就地"位置；试验结束后，现场运维人员应立即将其恢复原位并告知值班调控人员。新设备启动需要遥控验收时，现场必须提前把所有运行设备切至"就地"位置。

6.1.4　顺序控制操作（程序操作）

指通过一体化监控系统的单个操作命令，根据预先规定的操作逻辑和五防闭锁规则，自动按规则完成一系列倒闸操作，实现变电站电气设备运行、热备用、冷备用、检修等各种状态之间的自动转换。

1. 基本条件及要求

顺序控制应使用程序操作票，程序操作票应按照倒闸操作票管理要求执行：

（1）程序操作票应根据变电站接线方式、智能设备现状和技术条件编制。

（2）程序操作票应经过现场试验，验证正确后方可使用。

（3）程序操作任务和操作票，应经过安质部、运维管理部门、调控中心审核，单位分管生产领导（总工程师）审批。

（4）变电站改（扩）建、设备变更、设备名称改变时应及时修改程序操作票，重新验证并履行审批手续。

（5）程序操作票的调用、确认，应设置为双人模式（监护人、操作人分别输入密码确认）。

2. 顺序控制操作（程序操作）

运维人员在变电站监控后台进行的程序操作，在执行程序操作票前应进行系统强制预演；程序操作前操作人员应检查待操作设备运行方式与本次操作任务要求的设备初始状态一致，无影响操作的异常信号；程序操作时，操作人员不允许进行与程序操作无关的工作，应始终密切注意观察程序操作执行进程以及各项告警信息；程序操作时，禁止对同一变电站设备进行其他操作；程序操作完成后，操作人员应及时退出控制操作画面，进行一次设备和二次设备的现场检查，无异常后结束此次操作。

3. 故障及异常处理

程序操作中若设备状态未发生改变，应查明原因并排除故障后继续程序操作，若无法排除故障，可根据情况改为常规操作；转为常规操作时，运维人员应根据调控指令重新填写倒闸操作票，并对已完成程序操作的设备位置检查应写入常规倒闸操作票中作为检查项。

下列情况禁止采用程序操作：

（1）调控指令中包含未经审核、验收的程序操作内容。

（2）当前运行方式下或设备接线情况变更后无相对应的经审核、验收的程序操作票。

（3）程序操作中断后，若程序操作票已执行完步骤对应的设备状态未发生改变时。

（4）程序操作软件功能发生异常或一体化监控系统故障时。

（5）程序操作有关的断路器（开关）、隔离开关（刀闸）存在影响倒闸操作的故障、异常信号时。

（6）事故处理时。

6.2 事故处理基本原则及步骤

电力系统事故是指由于电力系统设备故障或人员失误而使电能供应数量或质量超过规定范围的事件。电力系统事故分为人身事故、电网事故和设备事故三大类，其中设备和电网事故又可分为特大、重大和一般事故。

6.2.1 事故处理的一般规定

1. 事故处理一般原则

（1）迅速限制事故的发展，消除故障根源，解除对人身、电网和设备的威胁，防止稳定破坏、电网瓦解和大面积停电。

（2）根据事故范围和调度指令，及时调整电网运行方式，电网解列后应尽快恢复并列运行。

（3）尽可能保持正常设备继续运行和对重要用户及变电站所用电的正常供电。

（4）尽快对已停电的设备和用户恢复供电，对重要用户应优先恢复供电。

2. 事故处理基本要求

（1）设备发生异常或故障后，运维班立即派人赶赴无人值守变电站现场进行详细检查；运维人员经现场检查、分析后，立即汇报调控中心和主管部门，汇报内容包括：

1）现场天气情况。

2）一次设备现场外观检查情况。

3）现场是否有人工作。

4）站内相关设备有无越限或过载。

5）站用电源安全是否受到威胁。

6）二次设备的动作、复归详细情况。

（2）故障处理时，运维人员可不填写操作票，但应执行监护、复诵、核对、录音等制度，在恢复送电时应填写操作票。事故抢修可以不用工作票，但应使用事故应急抢修单，且应履行工作许可手续。

（3）现场运维人员处理事故时，对调控管辖设备的操作，应按值班调控人员的指令或经其同意后进行。无须等待调控指令的，应一面自行处理，一面将事故简明地向值班调控人员报告。待事故处理完毕后，再作详细汇报。

（4）运维人员无法自行处理损坏的设备及事故现场时，应及时汇报调控中心，由调控中心通知检修人员来处理。运维人员应提前做好现场的安全措施（如隔离电源、装设接地线、工作地点设围栏等）。

（5）为了迅速处理事故，防止事故扩大，下列情况无须等待调控指令，事故单位可自行处理，但事后应尽快报告值班调控人员：

1）对人身和设备安全有威胁时。

2）站用电源全停或部分停电时，恢复送电。

3）电压互感器熔丝熔断或二次开关跳闸时，将有关保护停用。

4）将已损坏的设备隔离。

5）电源联络线（网调调控设备除外）跳闸后，开关两侧有电压，恢复同期并列或合环。

6）安全自动装置（如切负荷、低频解列、低压解列等装置）应动未动时手动代替。

3. 事故处理注意事项

（1）电网发生事故后，运维值班人员应立即到站，将保护装置动作情况汇报值班调控人员；现场运维人员应记录好保护装置的全部动作信号，并经第二人复核无误后，方可将信号复归，再汇报值班调控人员和生产指挥中心人员。断路器跳闸原因不明、保护装置不正确动作等异常情况下，应征得继电保护专业管理部门许可后方能复归信号。

（2）加强监视故障后运行电源线路、变压器的负荷状况，防止因故障致使负荷转移，造成其他设备长时间过负荷运行，应及时联系调控部门消除设备过负荷。

（3）事故时加强站用交、直流系统的巡视。

（4）对于事故紧急处理中的操作，应注意防止系统解列后非同期并列。电源联络线开关跳闸（无保护、安全自动装置动作信号）造成解列时，如开关两侧均有电压，现场运维人员可不必等待调控指令，立即找同期并列，然后再向值班调控人员汇报。

4. 事故处理现场组织原则

（1）变电站运维负责人是现场事故、异常处理的负责人，应对汇报信息和事故操作处理的正确性负责。其他运维人员应配合运维负责人，服从调控中心指挥。

（2）事故发生在交接班期间时，应停止交接班。由交班人员负责处理事故，直到事故处理完毕或处理告一段落，方可交接班。接班人员可应交班者请求协助处理事故。交接班完毕后，交班人员也可应接班者的请求协助处理事故。

（3）发生事故时，凡与处理事故无关的人员，禁止进入发生事故的地点，非直接参加处理事故的人员不得进入控制室，更不得占用通信电话。

5. 事故处理一般流程

（1）变电运维人员接到调控中心电话通知后，应立即派出人员赶赴（设备）现场。

（2）运维人员到站后，应立即检查监控后台（测控屏）断路器变位情况、所发信号，查看故障测距、保护范围内所有一次设备、各类保护及自动装置动作情况，进行故障判断，汇报值班调控人员，并立即报告运维班组及管理部门相关人员。

（3）按照值班调控人员指令及现场运行专用规程，隔离故障点，对非故障设备恢复送电。

（4）对故障设备做好安全措施。

（5）检修工作结束汇报后，根据调控指令恢复送电。

（6）事故处理完毕，应将事故详细记录，按规定报告相关单位及责任人。发生重大事故或者有人员责任的事故时，在事故处理结束后，运维人员应将事故处理的全过程资料进行汇总，并编写详细的现场事故报告，以便专业人员对事故进行分析。现场事故报告应包括以下内容：①事故前站内运行方式；②发生事故的时间、事故前后的负荷情况、设备停电范围等；③断路器跳闸情况和设备告警信息；④保护及自动装置动作情况；⑤微机保护的打印报告及测距；⑥现场设备的检查情况；⑦事故的处理过程和时间顺序；⑧人员和设备存在的问题；⑨事故初步分析结论。

6.2.2 典型事故处理的原则及要求

为提高事故处理的正确性和安全性，对于典型设备故障，处理过程能否做到流程化和标准化，是变电站提高变电值班人员事故处理能力的一个重要手段。

1. 全站停电事故处理

（1）全站停电现象：

1）站内交流照明全部熄灭。

2）各母线电压表、电流表、功率表均无指示（监控系统电气运行参数无显示）。

3）运行中的变压器无声音。

4）继电保护装置发"保护动作""交流电压回路断线""高频收信"等信号。

5）站内多台断路器跳闸。

6）故障录波器、远切等自动装置动作。

当所有指示一次设备运行的电压表、电流表、功率表均无指示，且同时失去站用电源时，才能判定为全站失压。

（2）全站停电事故处理注意事项：

1）如果是在夜晚，应带好手电筒等照明工具。

2）到达现场后检查事故照明是否正常切换，如果未正常切换应手动进行切换。立即检查直流充电屏和馈线屏，检查直流系统运行情况。事故处理期间必须确保直流不失压。

3）变电站失压，外接站用电源不能正常进行供电时：切除次要和不必要的交流负荷，如关闭部分显示器、打印机电源、不必要的事故照明灯等，尽可能长的保证 UPS 可靠供电；切除次要和不必要的直流负荷，关注蓄电池组电压的变化，采取一切必要措施维持直流系统的正常运行和减缓直流电压下降的速度；严密监视各电压表计，监视外接线路是否来电；必要时要准备发电车保障站用电源。

（3）全站停电时的处理原则：

1）变电站发生全站停电事故时，应优先自行恢复站用电源运行。

2）站用电源恢复后，应重点检查充电机、直流系统、自动化等装置是否运行正常。

3）变电站内外已无可以利用的应急电源，应立即联系应急发电车赶往现场，务必在蓄电池容量不够前恢复站用电源。

4）全站停电后造成调度电话通信中断后，可采用手机等通信方式及时与调控部门取得联系。

5）现场运维人员应严格根据调控指令恢复对站内设备送电。

6）变电站全停时，应检查本站母线和主变压器有无短路故障、保护有无动作。如有保护动作而断路器没有跳闸，则是站内故障，断路器拒分引起越级跳闸；如本站母线和主变压器有明显的短路故障，而保护没有动作，则是保护拒动越级跳闸。

7）若站内设备故障，应拉开故障设备两侧的隔离开关，拉开拒分或保护拒动断路器两侧的隔离开关，将其隔离。然后报告调控部门，根据调控指令将其他设备送电。

8）经检查站内设备没有发生短路故障，则是电源线路停电引起全站停电。此时若有备用电源，应立即拉开故障电源线两侧隔离开关，拉开站内除母联（分段）断路器及站用变压器断路器之外的其余断路器，之后投入备用电源送电。待电源线故障消除后，在断路器合闸时要分清是合环还是同期并列。

9）对于多电源供电的因电源线路失电而造成全站停电的，应防止电源突然来电造成非同期合闸。

2. 火灾处理

（1）火灾处理流程：

1）发生火灾事故时，运维值班负责人根据现场火情，汇报相应值班调控人员，并立即报告运维班组及管理部门相关人员。

2）若现场具备自行灭火条件，现场其他人员应听从运维值班负责人的统一安排，参加灭火。

3）若无法进行自行灭火，应立即拨打消防报警电话报警。

（2）火灾处理注意事项：

1）电气设备着火时，应立即切断有关设备电源，然后进行灭火。电气设备灭火时，应使用干式灭火器灭火，不得使用水和泡沫灭火器；地面上绝缘油着火，可用干沙或泡沫灭火器灭火。微机等精密仪器设备应使用 CO_2 灭火器灭火。

2）电缆沟起火，除进行灭火外，应将着火区两端未堵死的防火墙完全堵死，防止火势蔓延。

3）灭火器的适用范围。二氧化碳灭火器：适用于扑救贵重设备、档案资料、仪器仪表、600V 以下的电器及油脂等的火灾；干粉灭火器：适用于扑救石油及其产品、可燃气体和电气设备的初起火灾。

3. 变压器事故处理

（1）变压器跳闸事故的处理注意事项：

1）变压器保护动作断路器跳闸，应立即查明跳闸原因，根据保护动作情况和对变压器外部检查情况，作出是变压器内部还是外部故障的判断。

2）并列运行的变压器故障跳闸，应首先监视运行变压器的负荷情况，是否过载，并考虑中性点接地情况，然后向值班调控人员汇报。变压器过负荷可采用的措施有：从系统中转移负荷；变压器过负荷运行。此时应启动变压器的全部冷却器，运行中注意监视负荷、油温和设备接点有无过热。按变压器过负荷倍数查出允许过负荷运行的时间。变压器有绝缘缺陷或冷却器有故障的不允许过负荷运行；根据调控指令拉线路限负荷。

3）变压器主保护动作跳闸，在未查明原因和消除故障前不得试送。

4）近区出口短路变压器后备保护动作跳闸，经外部检查、初步分析（必要时进行相关电气试验）变压器本体无异常时，可试送一次。如是零序保护动作，应对站内220kV设备进行全面检查，将结果汇报调控中心及管理部门相关人员。

5）发现下列情况之一的，应认为跳闸是由变压器故障引起的：从气体继电器中抽取的气体经分析判断为可燃气体；变压器有外壳变形、强烈喷油等明显的内部故障特征；变压器套管有明显的闪络痕迹或出现破损、断裂等；主保护动作。排除故障以后，应经色谱分析、电气试验以及其他针对性的试验以后，方可重新投入运行。

6）如因线路或母线故障断路器拒跳或保护拒动引起变压器断路器跳闸，在隔离故障以后，可立即恢复变压器断路器和其他线路断路器送电。

7）变压器跳闸后加强运行主变压器的负荷监视，增加冷却器的运行数量。

8）变压器保护误动作跳闸，根据调控指令停用误动的保护，可试送一次。

9）变压器故障跳闸造成电网解列时，在试送变压器或投入备用变压器时，要防止非同期并列。

10）强迫油循环冷却的变压器，当冷却器全停造成主变压器停运，在冷却装置故障未消除前主变压器不得投入运行。

11）变压器跳闸后应首先确保站用电源的供电，若失去站用电源可先恢复站用电源，投入事故照明（夜间）。

12）变压器跳闸后，应立即停油泵，以防止故障产生的污物浸透整个绕组和铁芯。

（2）变压器主保护动作跳闸事故的处理原则：

1）主保护动作的原因分析：变压器内部或差动保护区内发生故障；主保护定值漂移、整定错误、接线错误、二次回路短路等原因引起的保护误动作；重瓦斯回路短路等；人员误碰造成保护误动。

2）主保护动作跳闸的处理：

a. 检查、记录继电保护及自动装置动作情况。复归信号，复归跳闸断路器的控制开关位置（清闪），初步判断故障性质，立即报告调控部门。

b. 瓦斯保护动作跳闸应检查变压器本体及有载调压装置油位、油色、油温是否正常，压力释放、呼吸器有无喷油。

c. 气体继电器内有无气体，外壳有无鼓起变形，各法兰连接处和导油管有无冒油，气体继电器接线盒内有无进水受潮和短路。若气体继电器内有气体，则应取气，根据气体颜色、气味和可燃性初步判断故障性质。

d. 若是差动保护动作，则还应检查差动保护区内所有设备。变压器本体有无变形和异状，引线有无断线、短路，套管、瓷套有无闪络、破裂痕迹，设备有无接地短路现象，有无异物落在设备上，避雷器是否正常等。

e. 若变压器跳闸时没有系统冲击，故障录波器没有故障波形，外观检查未发现任何内部故障的征象，则应考虑保护误动的可能性。若重瓦斯保护动作跳闸，但其信号不能复归，则是重瓦斯触点短路引起的保护误动作。若变压器充电时正常，带负荷时差动保护动作跳闸，则有差动保护误接线引起保护误动的可能。

f. 较轻的短路故障引起的主保护动作跳闸，由于故障产生的气量不是很多，气体从油中析出并聚集于气体继电器中需要一段时间（特别是在变压器内油温较低，油黏度较大的情况）。因而变压器跳闸时轻瓦斯没有动作不能作为保护误动的判断判据。

g. 主变压器因保护误动跳闸，在查明保护误动以后，可以不经内部检查，在至少保留一种主保护的情况下，经调控中心批准，停用误动的保护对主变压器试送电。

h. 变压器两种主保护同时动作跳闸，应认为变压器内部确有故障，在未查明故障性质并消除以前不得试送电。

i. 如因地震等明显原因使重瓦斯保护动作跳闸时，经检查变压器无异状后，应立即恢复变压器运行。

3）变压器后备保护动作跳闸的原因分析。后备保护动作的原因：无母线保护的变压器馈电母线短路故障；变压器故障主保护拒动；变压器馈电母线及线路故障，断路器拒分或保护拒动，越级跳闸；后备保护定值漂移、整定错误、接线错误、二次回路短路等原因引起的保护误动。

4）后备保护动作跳闸的处理：

a. 应根据保护动作、信号、仪表指示和跳闸变压器的故障情况，分析变压器跳闸原因，做出相应的处理。

b. 原则上变压器跳闸应立即投入备用变压器。越级跳闸的要在隔离故障点以后逐级恢复送电。

c. 变压器内部故障或未发现故障点的应对变压器进行检查试验，在未查明故障并消除之前不应送电。而明显由人员误碰或保护误动造成变压器跳闸的，可立即恢复变压器送电（保护误动的可先停用误动保护）。

d. 查找并隔离故障点后，经外部检查、初步分析（必要时经电气试验）变压器本体无异常时，可试送一次。

（3）变压器着火事故处理：变压器着火时立即拉开变压器各侧断路器和冷却器交流电源，迅速启用主变压器消防灭火装置，并向 119 报警同时采取其他灭火措施。

4. 线路事故处理

线路断路器跳闸处理原则：

（1）如已发现明显故障点、可疑故障点、断路器的遮断容量小于母线短路容量或大电流接地系统变为不接地系统时，不允许强送电，应立即将故障点隔离进行处理。

（2）试运行线路、电缆线路故障跳闸后不应强送。其他线路跳闸后，值班调控人员可下令强送一次，如强送不成功需再次强送，应经调控部门主管生产领导同意。线路强送前，应停用该线路重合闸。

（3）经查明确系保护装置误动作，可试送一次，试送前应退出误动保护装置，但不允许无主保护运行。

（4）用于试送线路的断路器应符合以下条件：断路器本身回路完好，操动机构工作正常，油压、气压在额定值；断路器故障跳闸次数在允许范围内；继电保护功能完好。

（5）断路器实际故障开断次数仅比允许故障开断次数少一次时，应停用该断路器的自动重合闸。

（6）强送端宜有变压器中性点直接接地。

（7）事故时伴随有明显的事故现象，如火花、爆炸声、系统振荡等，应查明原因后再考虑能否强送。

（8）断路器跳闸，若断路器两侧有电压，运维人员按值班调控人员指令进行检同期合闸，若无法检同期时，运维人员应立即汇报值班调控人员，按值班调控人员指令处理。

（9）线路故障跳闸后，一般允许强送一次。运维人员必须对故障跳闸线路的有关回路（包括断路器、隔离开关、电压互感器、电流互感器、耦合电容器、阻波器、继电保护等设备）进行外部检查正常，并根据调控指令强送。

（10）线路发生故障保护动作，但其断路器拒跳而越级到上级断路器跳闸时，应立即查明保护动作范围内的站内设备是否正常，立即隔离拒动的断路器，试送越级跳闸的断路器和其他线路。

（11）如果线路跳闸，重合闸动作重合成功，但无故障波形，且线路对侧的断路器未跳闸，应是本侧保护误动或断路器误跳闸。若有保护动作可判断为保护误动，在保证有一套主保护运行的情况下可申请将误动的保护退出运行，若没有保护动作，则可能是断路器误跳，通知检修人员处理。

（12）如继电保护人员在运行线路二次回路上工作，该线路断路器跳闸，应立即终止工作，查明原因，向调控人员汇报，采取相应的措施后申请试送（此时可能是保护通道漏退或误碰造成）。

（13）联络线跳闸后，在试送进行合环时应确保不会造成非同期合闸。

5. 母线事故的处理

（1）母线电源故障事故处理一般原则：

1）双母线分列运行时一组母线失电，应拉开连接于失电母线上的所有断路器，用母联断路器或外部电源给失电母线充电，然后送出原失电母线上无故障的线路和主变压器。

2）一台主变压器热备用、另一台主变压器带两组母线时，两组母线失电，应拉开两组母线上的所有断路器，迅速合上备用主变压器断路器给母线充电，然后送出无故障的线路。

3）双母线并列运行时一组母线失电，应拉开连接于该母线上的所有断路器，用无故障的电源给母线充电，然后送出无故障的线路和主变压器。

4）如果母线失电时出现系统解列，应根据调控指令执行同期并列。

5）尽快检查相应一次设备，如果变压器或其他设备故障跳闸应隔离故障设备。

（2）母线短路故障处理原则：

1）立即检查母线设备，并设法隔离或排除故障。如故障点在母线侧隔离开关外侧，可将该回路两侧隔离开关拉开。故障隔离或排除以后，根据调控指令先恢复母线送电。对双母线或单母线分段接线，宜采用有充电保护的断路器对母线充电。母线充电成功后，再送出其他线路。

2）若故障点不能立即隔离或排除，对于双母线接线，可将无故障的元件接入运行母线送电。但事先应投入母差保护母差分列压板。

3）若找不到明显故障点，则不准将跳闸元件接入运行母线送电，以防止故障扩大至运行母线。可按照调控指令试送母线。线路对侧有电源时应由线路对侧电源对故障母线试送电。

（3）保护越级造成母线跳闸的故障处理原则：

保护越级造成母线跳闸的故障处理方式与母线电源故障处理方式类似，隔离外部故障线路或主变压器后，利用外部电源给母线进行充电，母线充电成功后，再送出其他线路或主变压器。

6. 直流系统事故处理

(1) 直流系统失压的现象：

1) 直流电压消失伴随有直流电源指示灯灭，发出"直流电源消失""控制回路断线""保护直流电源消失"或"保护装置异常"等告警信息。

2) 直流负载部分或全部失电，保护装置或测控装置部分或全部出现异常并失去功能。

(2) 直流系统失压的处理原则：

1) 直流部分消失，应检查直流消失设备的熔断器熔丝是否熔断（空气开关是否跳闸），接触是否良好。如果熔丝熔断则更换满足要求的合格熔断器（熔丝）。如果更换熔断器后熔丝仍然熔断，应在该熔断器供电范围内查找有无短路、接地和绝缘击穿的情况。查找前应做好防止保护误动和断路器误跳的措施，保护回路检查应汇报调控部门停用保护装置出口跳闸连接片，断路器跳闸回路禁止引入正电极或造成短路。

2) 直流屏空气开关跳闸，应对该回路进行检查，在未发现明显故障现象或故障点的情况下，允许试送一次，试送不成功则不得再强送。处理前应做好防止保护误动和断路器误跳的措施，保护回路检查应汇报值班调控人员退出保护装置出口压板。

3) 直流母线失压时，首先检查该母线上蓄电池总熔断器是否熔断，充电机空气开关是否跳闸，再重点检查直流母线上设备，查找故障点。更换熔丝，如再次熔断，应通知检修人员处理。

4) 如果全站直流消失，应首先检查直流母线有无短路、直流馈电支路有无越级跳闸。先目测检查直流母线，母线短路故障一般目测可以发现。如果母线目测未发现故障，应检查各馈电直流是否有空气开关拒跳或熔断器熔丝过大的情况。此时，应检查直流绝缘监察装置，根据其检测出的接地支路，拉开直流馈线屏对应的空气开关；然后合上直流母线进线开关，对直流母线及各馈线负荷进行送电。

5) 由于站用电源失去造成直流系统全停后，应尽快采用应急变压器、应急发电机、应急发电车等方式恢复对充电机供电。

6) 如因充电机或蓄电池本身故障造成直流一段母线失压，应将充电机或蓄电池退出，并确认失压直流母线无故障后，方可合上直流联络开关，由另一段母线供电。

7) 如果直流母线良好，直流馈电支路没有越级跳闸的情况，蓄电池空气开关没有跳闸而硅整流装置跳闸或失电，应检查蓄电池接线有无短路。应从支路母线到蓄电池室检查有无断线和接触不良情况，对蓄电池要逐个进行检查有无异常，检查硅整流装置跳闸或失电原因。

7. 系统单相接地的处理

（1）系统单相接地故障原因：

1）如故障点为高电阻接地，则接地相电压降低，其他两相对地电压高于相电压。

2）如为金属性接地，则接地相电压降为零，其他两相对地电压升高为线电压。

3）若三相电压表的指针不停地摆动，则为间歇性接地。

4）由于线电压大小和相位不变且对称，所以允许单相接地维持运行，接地时限一般不超过 2h。

（2）系统单相接地处理的注意事项：

1）查找接地故障，进行站内检查时，应穿绝缘靴、戴安全帽进行站内检查，若需接触设备外壳或架构时，必须戴绝缘手套，与接地点距离，室内保持 4m 以上，室外保持 8m 以上。

2）禁止使用隔离开关进行接地拉路查找。

3）系统发生单相接地时，应重点监视发生接地的母线、避雷器、电压互感器等承受过电压运行的设备，并做好事故处理的准备。

（3）系统单相接地的处理原则：

1）将接地现象汇报调控部门。

2）做好绝缘措施，检查站内母线所接的所有设备绝缘有无异常情况。

3）经检查后未能发现故障点时，可用逐一通过断路器拉停设备的方法进行寻找，但不得用隔离开关拉停设备（比如：不带高压断路器的站用电源间隔，应通过拉停主变压器低压侧总断路器进行隔离）。

4）如果依旧没有发现故障点，应停电后再进行详细检查，由检修人员处理。

5）处理完后在调控指令下进行送电操作。

第7章 变电带电检测技术管理

7.1 红外热像检测

7.1.1 原理

红外线是 1800 年英国物理学家赫胥尔发现的，任何温度高于绝对零度（−273℃）的物体都会发出红外线，又称红外辐射。红外线是由物质发射出来的，反映物体表面的温度场。

红外线是一种电磁波，它的波长范围为 0.76～1000μm（微米），不为人眼所见，它反映物体表面的能量场，即温度场。物体温度不同，其辐射出的红外线能量不同，且辐射波的波长也不同。同时，红外线是一种与可见光相邻的不可见光，具有可见光的一般性能，如反射、散射、折射等。

红外热像检测工作具有不停电、不取样、不接触、直观、准确、灵敏度高、快速、安全、应用范围广泛等诸多优点，可以查出多种设备缺陷，对保障电气设备安全运行和推进检修制度改革具有重要作用，是一项新的重要的技术监督工作。

7.1.2 检测要求

1. 环境要求

（1）一般检测要求：

1）环境温度不宜低于5℃，一般按照红外热像检测仪器的最低温度掌握。

2）环境相对湿度不宜大于85%。

3）风速：一般不大于5m/s，若检测中风速发生明显变化，应记录风速。

4）天气以阴天、多云为宜，夜间图像质量为佳。

5）不应在有雷、雨、雾、雪等气象条件下进行。

6）户外晴天要避开阳光直接照射或反射进入仪器镜头，在室内或晚上检测应避开灯光的直射，宜闭灯检测。

（2）精确检测要求。除满足一般检测的环境要求外，还满足以下要求：

1）风速一般不大于 0.5m/s。

2）检测期间天气为阴天、多云天气、夜间或晴天日落 2h 后。

3）避开强电磁场，防止强电磁场影响红外热像仪的正常工作。

4）被检测设备周围应具有均衡的背景辐射，应尽量避开附近热辐射源的干扰，某些设备被检测时还应避开人体热源等的红外辐射。

2. 待测设备要求

（1）待测设备处于运行状态。

（2）精确测温时，待测设备连续通电时间不小于 6h，最好在 24h 以上。

（3）待测设备上无其他外部作业。

（4）电流致热型设备最好在高峰负荷下进行检测；否则，一般应在不低于 30% 的额定负荷下进行，同时应充分考虑小负荷电流对测试结果的影响。

3. 仪器要求

（1）离线型热像仪应满足以下要求：

1）用电池供电，可方便移动检测。

2）测温准确度高，能实时给出被测目标的温度及温度分布图像信息，配备合适镜头，图像宜存储和传送，可具备故障诊断功能。

3）适用于电气设备的一般和精确检测。

（2）在线型热像仪应满足以下要求：

1）安装或放置在被检测目标距离范围内，能进行连续的在线测温，并将信号传输至主控后台系统。

2）具有外部供电接口，连续稳定工作时间长，能在现场电磁环境和气象环境条件下使用。

（3）仪器保管要求：

1）红外测温仪应有专人负责，妥善保管。各单位应建立台账，具备出厂合格证、使用说明书、质保书、检定证书、分析软件和操作手册等档案资料。

2）仪器仪表管理应纳入公司 PMS 系统，各单位应完整、规范地在 PMS 系统登记本单位的仪器仪表台账。

3）仪器仪表的保管、使用环境条件以及运输中的冲击、振动应符合其技术性能要求。

4）使用人员在携带仪器前往现场途中，要防止仪器过分振动和碰撞，及时做好相应防范措施。在使用过程中防止仪器受潮。

5）仪器仪表保养每季不少于 1 次，确保处于完好状态。

6）仪器仪表发生故障时，应由专业修理人员修理，检测合格后方能投入使用。

4．检测周期要求

(1) 新投运后 1 周内（但应超过 24h）。

(2) 1000kV：1 周；330～750kV：1 月；220kV：3 月；110（66）kV：半年；35kV 及以下：1 年。

(3) 必要时，如迎峰度夏（冬）、大负荷、检修结束送电期间增加检测频次。

7.1.3　检测数据分析处理

1．判断方法

(1) 表面温度判断法。主要适用于电流致热型和电磁效应引起发热的设备。根据测得的设备表面温度值，对照 GB/T 11022—2011《高压开关设备和控制设备标准的共用技术要求》中高压开关设备和控制设备各种部件、材料及绝缘介质的温度和温升极限的有关规定，结合环境气候条件、负荷大小进行分析判断。

(2) 同类比较判断法。根据同组三相设备、同相设备之间及同类设备之间对应部位的温差进行比较分析。

(3) 图像特征判断法。主要适用于电压致热型设备。根据同类设备的正常状态和异常状态的热像图，判断设备是否正常。注意尽量排除各种干扰因素对图像的影响，必要时结合电气试验或化学分析的结果，进行综合判断。

(4) 相对温差判断法。

1) 相对温差：两个对应测点之间的温差与其中较热点的温升之比的百分数。

2) 相对温差公式：

$$\delta_t = (\tau_1 - \tau_2)/\tau_1 \times 100\% = (T_1 - T_2)/(T_1 - T_0) \times 100\%$$

式中　τ_1、T_1——发热点的温升和温度；

τ_2、T_2——正常相对应点的温升和温度；

T_0——环境温度。

3) 相对温差判断法适用于电流致热型设备。特别是对小负荷电流致热型设备，采用相对温差判断法可降低小负荷缺陷的漏判率。对电流致热型设备，发热点温升值小于 15K 时，不宜采用相对温差判断法。

(5) 档案分析判断法。分析同一设备不同时期的温度场分布，找出设备致热参数的变化，判断设备是否正常。

(6) 实时分析判断法。在一段时间内使用红外热像仪连续检测某被测设备，观察设备温度随负载、时间等因素变化的方法。

2．判断依据

(1) 电流致热型设备缺陷诊断判据见表 7-1。

表 7-1 电流致热型设备缺陷诊断判据

设备类别和部位		热像特征	故障特征	缺陷性质			处理建议	备注
				一般缺陷	严重缺陷	危急缺陷		
电气设备与金属部件的连接	接头和线夹	以线夹和接头为中心的热像，热点明显	接触不良	温差超过15K，未达到严重缺陷的要求	热点温度>80℃或δ≥80%	热点温度>110℃或δ≥95%		
金属导线		以导线为中心的热像，热点明显	松股、断股、老化或截面积不够					
金属部件与金属部件的连接	接头和线夹	以线夹和接头为中心的热像，热点明显	接触不良	温差超过15K，未达到严重缺陷的要求	热点温度>90℃或δ≥80%	热点温度>130℃或δ≥95%		
输电导线的连接器（耐张线夹、接续管、修补管、并沟线夹、跳线线夹、T型线夹、设备线夹等）								
隔离开关	转头	以转头为中心的热像	转头接触不良或断股					
	触头	以触头压接弹簧为中心的热像	弹簧压接不良				测量接触电阻	
断路器	动静触头	以顶帽和下法兰为中心的热像，顶帽温度大于下法兰温度	压指压接不良	温差超过10K，未达到严重缺陷的要求	热点温度>55℃或δ≥80%	热点温度>80℃或δ≥95%	测量接触电阻	
	中间触头	以下法兰和顶帽为中心的热像，下法兰温度大于顶帽温度						
电流互感器	内连接	以串并联出线头或大螺杆出线夹为最高温度的热像或以顶部铁帽发热为特征	螺杆接触不良	温差超过10K，未达到严重缺陷的要求	热点温度>55℃或δ≥80%	热点温度>80℃或δ≥95%	测量一次回路电阻	
套管	柱头	以套管顶部柱头为最热的热像	柱头内部并线压接不良					
电容器	熔丝	以熔丝中部靠电容侧为最热的热像	熔丝容量不够				检查熔丝	
	熔丝座	以熔丝座为最热的热像	熔丝与熔丝座之间接触不良				检查熔丝座	

注 δ为相对温差，其值为（热点温度—正常相温度）/（热点温度—环境温度）。

（2）电压致热型设备缺陷诊断判据见表 7-2。

表 7-2 电压致热型设备缺陷诊断判据

设备类别		热像特征	故障特征	温差（K）	处理建议	备注
电流互感器	10kV 浇注式	以本体为中心整体发热	铁芯短路或局部放电增大	4	伏安特性或局部放电量试验	
	油浸式	以瓷套整体温升增大，且瓷套上部温度偏高	介质损耗偏大	2～3	介质损耗、油色谱、油中含水量检测	
电压互感器（含电容式电压互感器的互感器部分）	10kV 浇注式	以本体为中心整体发热	铁芯短路或局部放电增大	4	特性或局部放电量试验	
	油浸式	以整体温升偏高，且中上部温度高	介质损耗偏大、匝间短路或铁芯损耗增大	2～3	介质损耗、空载、油色谱及油中含水量测量	
耦合电容器	油浸式	以整体温升偏高或局部过热，且发热符合自上而下逐步递减的规律	介质损耗偏大，电容量变化、老化或局部放电		介质损耗测量	
移相电容器		热像一般以本体上部为中心的热像图，正常热像最高温度一般在宽面垂直平分线的 2/3 高度左右，其表面温升略高，整体发热或局部发热	介质损耗偏大，电容量变化、老化或局部放电	2～3		
高压套管		热像特征呈现以套管整体发热热像	介质损耗偏大		介质损耗测量	
		热像为对应部位呈现局部发热区故障	局部放电故障，油路或气路的堵塞			
充油套管	绝缘套管	热像特征是以油面处为最高温度的热像，油面有一明显的水平分界线	缺油			
氧化锌避雷器	10～60kV	正常为整体轻微发热，较热点一般在靠近上部且不均匀，多节组合从上到下各节温度递减，引起整体发热或局部发热为异常	阀片受潮或老化	0.5～1	直流和交流试验	
绝缘子	瓷绝缘子	正常绝缘子串的温度分布同电压分布规律，即呈现不对称的马鞍型，相邻绝缘子温差很小，以铁帽为发热中心的热像图，其比正常绝缘子温度高	低值绝缘子发热（绝缘电阻在 10～300MΩ）	1		

续表

设备类别		热像特征	故障特征	温差（K）	处理建议	备注
绝缘子	瓷绝缘子	发热温度比正常绝缘子要低，热像特征与绝缘子相比，呈暗色调	零值绝缘子发热（0～10MΩ）	1		
		其热像特征是以瓷盘（或玻璃盘）为发热区的热像	由于表面污秽引起绝缘子泄漏电流增大	0.5		
	合成绝缘子	在绝缘良好和绝缘劣化的结合处出现局部过热，随着时间的延长，过热部位会移动	伞裙破损或芯棒受潮	0.5～1		
		球头部位过热	球头部位松脱、进水			
电缆终端		以整个电缆头为中心的热像	电缆头受潮、劣化或气隙	0.5～1		
		以护层接地连接为中心的发热	接地不良	5～10		
		伞裙局部区域过热	内部可能有局部放电	0.5～1		
		根部有整体性过热	内部介质受潮或性能异常			

（3）当缺陷是由两种或两种以上因素引起的，应综合判断缺陷性质。对于磁场和漏磁引起的过热可依据电流致热型设备的判据进行处理。

3. 缺陷类型判定及处理方法

根据过热缺陷对电气设备运行的影响程度将缺陷分为以下三类：

（1）一般缺陷。

1）指设备存在过热，有一定温差，温度场有一定梯度，但不会引起事故的缺陷。这类缺陷一般要求记录在案，注意观察其缺陷的发展，利用停电机会检修，有计划地安排试验检修消除缺陷。

2）当发热点温升值小于15K时，不宜采用表7-1规定确定设备缺陷的性质。对于负荷小、温升小但相对温差大的设备，如果负荷有条件或机会改变时，可在增大负荷电流后进行复测，以确定设备缺陷的性质，当无法改变时，可暂定为一般缺陷，加强监视。

（2）严重缺陷。

1）指设备存在过热，程度较重，温度场分布梯度较大，温差较大的缺陷。这类缺

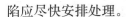

陷应尽快安排处理。

2）对电流致热型设备，应采取必要的措施，如加强检测等，必要时降低负荷电流。

3）对电压致热型设备，应加强监测并安排其他测试手段，缺陷性质确认后，立即采取措施消缺。

4）电压致热型设备的缺陷一般定为严重及以上的缺陷。

（3）危急缺陷。

1）指设备最高温度超过表 7-1 规定的最高允许温度的缺陷。这类缺陷应立即安排处理。

2）对电流致热型设备，应立即降低负荷电流或立即消缺。

3）对电压致热型设备，当缺陷明显时，应立即消缺或退出运行，如有必要，可安排其他试验手段，进一步确定缺陷性质。

7.1.4 典型案例分析

[**例 7-1**] 220kV 某变电站 1 号主变压器 110kV 正母线隔离开关与正母线间 B 相引线红外热像检测异常案例

1. 概况

2019 年 3 月 4 日，变电站值班员在开展 220kV 某变电站带电检测工作时，发现 1 号主变压器 110kV 正母线隔离开关与正母线间 B 相引线异常发热，温度为 73.5℃，其余 A 相温度为 18.3℃，C 相为 20.2℃，环境温度 16.0℃。B 相与正常相（A、C 相）的最大温差达 55.2K，温升为 57.5K，相对温差为 96.0%。

2. 检测对象

对 220kV 某变电站 1 号主变 110kV 正母线隔离开关开展红外测温工作，设备相关信息见表 7-3。

表 7-3　　　　　　　　　　检 测 设 备 信 息

电压等级	型号	额定电流	生产厂家	出厂日期
110kV	CR11-MH25	2500A	西门子（杭州）高压开关有限公司	2006/10/26

3. 检测数据

1 号主变压器 110kV 正母线隔离开关与正母线间 B 相引线及三相引线可见光和红外热像照片如图 7-1 和图 7-2 所示。

红外测温数据记录见表 7-4。

(a) 可见光   (b) 红外热像

图 7-1　1 号主变压器 110kV 正母线隔离开关与正母线间
A、B、C 三相引线可见光、红外热像照片

 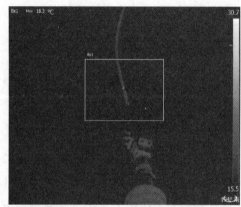

(a) A 相可见光照片及红外热像照片

 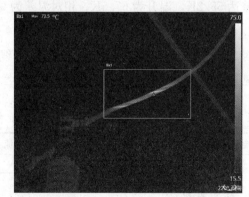

(b) B 相可见光照片及红外热像照片

图 7-2　1 号主变压器 110kV 正母线隔离开关与正母线间引线
单相可见光、红外热像照片（一）

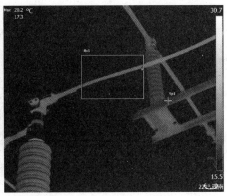

(c) C 相可见光照片及红外热像照片

图 7-2　1 号主变压器 110kV 正母线隔离开关与正母线间引线
单相可见光、红外热像照片（二）

表 7-4　　　　　　　　　　　　红外测温数据记录

变电站名称	220kV 某变电站		检测日期		2019 年 3 月 4 日 16:15	
天气	阴		风速（m/s）		0.5	
环境温度（℃）	16.0		湿度		60%	
辐射率	0.9		相对温差		96.0%	
相别	A		B		C	
负荷电流（A）	348.8		348.8		348.8	

序号	测点位置	表面最高温度（℃）			测试距离（m）			备注
		A	B	C	A	B	C	
1	1 号主变压器 110kV 正母线隔离开关与正母线间引线	18.3	73.5	20.2	4.0	4.0	4.0	异常

4. 综合分析

通过红外检测发现：1 号主变压器 110kV 正母线隔离开关与正母线间 B 相引线存在发热现象，B 相引线最高温度为 73.5℃，相间最大温差为 55.2K，最大相对温差为 97.7%。该型隔离开关的额定电流 2500A，负载率较低。根据 7.1.3 电流致热型设备缺陷诊断判据"金属导线以导线为中心的热像，热点明显。温差超过 15K，未达到严重缺陷的要求"，为电流致热型一般缺陷。

结合图 7-3（a），从另一角度对 1 号主变压器 110kV 正母线隔离开关与正母线间 B 相引线进行红外测温，结果如图 7-3（b）所示，由可见光照片可知引线本身处于扭曲的状态，而红外照片显示的温度最高处也呈现螺旋状分布，判断发热很有可能是由于 B 相引线存在松股、散股或者断股等原因导致，从而使得接触电阻增大，在电流致热效应的影响下，引起该引线发热，且发热量高于散热量，最终产生了温升现象。

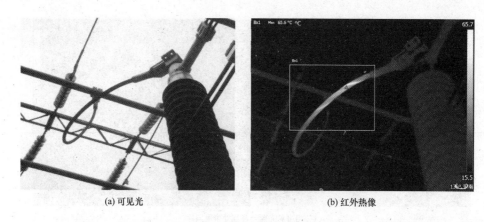

(a) 可见光　　　　　　　　　　　(b) 红外热像

图 7-3　1 号主变压器 110kV 正母线隔离开关与正母线间 B 相引线红外热像及可见光照片

5. 结论及建议

（1）结论：

1）1 号主变压器 110kV 正母线隔离开关与正母线间 B 相引线存在发热现象，根据判据，定性为电流致热型一般缺陷。

2）1 号主变压器 110kV 正母线隔离开关与正母线间 B 相引线发热的主要原因可能是 B 相引线存在松股、散股现象，在大电流的作用下发热烧蚀，接触电阻增大。

3）由于室外环境恶劣，空气污染较重，也可能是导线接触氧化腐蚀较严重。

4）引线制作工艺有可能存在问题，加速了引线的松股、散股现象。

（2）建议：

1）继续对 1 号主变压器 110kV 正母线隔离开关与正母线间 B 相引线进行红外跟踪复测，观察温度变化情况，及时安排消缺。

2）本次案例说明，红外测温是十分有效的带电检测手段，它能迅速、准确地发现设备缺陷，为设备状态评价提供有力手段。应继续充分利用红外测温技术，广泛开展变电站隐患排查，保证设备及电网的安全、稳定运行。

7.2　开关柜超声波局部放电检测

7.2.1　原理

开关柜超声波局部放电检测是利用超声波传感器将开关柜内局部放电声音信号转化为电信号，然后通过数据采集和处理单元最终转化为数字信号，从而判断开关柜内是否存在局部放电信号的检测手段，超声波局部放电检测原理如图 7-4 所示。

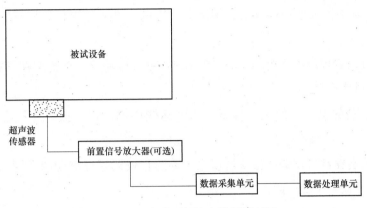

图 7-4　超声波局部放电检测原理图

7.2.2　检测要求

1. 环境要求

（1）环境温度宜在 -10～40℃。

（2）环境相对湿度不宜大于 80%，若在室外不应在有大风、雷、雨、雾、雪的环境下进行检测。

（3）在检测时应避免大型设备振动、人员频繁走动等干扰源带来的影响。

（4）通过超声波局部放电检测仪器检测到的背景噪声幅值较小、无 50Hz/100Hz 频率相关性（1 个工频周期出现 1 次/2 次放电信号），不会掩盖可能存在的局部放电信号，不会对检测造成干扰。

2. 待测设备要求

（1）设备处于带电状态且为额定气体压力。

（2）设备外壳清洁、无覆冰。

（3）运行设备上无各种外部作业。

（4）应尽量避开视线中的封闭遮挡物，如门和盖板等。

（5）设备的测试点易在出厂及第 1 次测试时进行标注，以便今后的测试及比较。

3. 仪器要求

（1）开关柜超声波局部放电检测一般采用非接触方式的超声波检测仪，功能要求如下：

1）应具备抗外部干扰的功能。

2）若采用可充电电池供电，充电电压为 220V、频率为 50Hz，充满电单次连续使用时间不低于 4h。

（2）仪器保管要求：

1）开关柜超声波局部放电检测仪器应有专人负责，妥善保管。各单位应建立台账，具备出厂合格证、使用说明书、质保书、检定证书、分析软件和操作手册等档案资料。

2）仪器仪表管理应纳入公司 PMS 系统，各单位应完整、规范地在 PMS 系统登记本单位的仪器仪表台账。

3）仪器仪表的保管、使用环境条件以及运输中的冲击、振动应符合其技术性能要求。

4）使用人员在携带仪器前往现场途中，要防止仪器过分振动和碰撞，及时做好相应防范措施。在使用过程中防止仪器受潮。

5）仪器仪表保养每季不少于 1 次，确保处于完好状态。

6）仪器仪表发生故障时，应由专业修理人员修理，检测合格后方能投入使用。

4. 检测周期要求

（1）110（66）kV 及以上变电站：运维单位 1 年。

（2）换流站：运维单位 1 年。

（3）新安装及 A、B 类检修重新投运后 1 个月内。

（4）必要时，如迎峰度夏（冬）、大负荷、检修结束送电期间增加检测频次。

7.2.3 检测数据分析处理

以目前变电站常用的英国 EA 厂家生产的开关柜超声波局部放电检测仪器为例，其判断标准为：

（1）正常：无典型放电波形或音响，且数值小于等于 8dB。

（2）异常：数值大于 8dB 且小于等于 15dB。

（3）缺陷：数值大于 15dB。

7.2.4 典型案例分析

[例 7-2] 220kV 某变电站设备带电检测 3 号电容器开关柜超声波异常案例

1. 概况

2019 年 3 月 4 日，变电站值班员在开展 220kV 某变电站 35kV 开关柜带电检测工作时发现，3 号电容器开关柜超声波检测异常。环境背景值-6dB，前柜测值 13dB，后柜最高测值 24dB。7 月 14 日对 3 号电容器开关柜进行复测，测值与之前相同。由运维人员向调度申请 3 号电容器开关改热备用，相邻 1 号电容器投入运行。又对 3 号、1 号电容器开关柜暂态地电压和超声进行检测，此时暂态地电压正常，超声检测正常。并且附近开关柜没有检测到异常。

2. 检测对象

检测对象为 220kV 某变电站 35kV 开关柜设备，设备相关信息见表 7-5，35kV 开关柜设备布置图如图 7-5 所示。

表 7-5 检测对象信息

电压等级	型号	生产厂家	出厂日期
35kV	KYN61-40.5	山东泰开成套电器有限公司	—

2号主变压器35kV插件柜	2号主变压器35kV开关柜	Ⅱ段母线电压互感器柜	4号电容器开关柜	2号电容器开关柜	2号站用变压器开关柜	备用3921柜	备用3920柜	母分插件柜	母分开关柜	安胜利3778开关柜	1号站用变压器开关柜	3号电容器开关柜	1号站用变压器开关柜	Ⅰ段母线电压互感器柜	1主变压器35kV开关柜	1号主变压器35kV插件柜

图 7-5 35kV 开关柜布置图

3. 检测数据

在对 35kV 开关柜开展超声波局放检测时，发现 3 号电容器开关柜有听到轻微的放电声。在环境背景为 −6dB，测得 3 号电容器开关柜前柜门附近数值为 13dB，后柜门 24dB，明显有异常声响。3 号电容器柜及相邻间隔检测数据见表 7-6。由表 7-6 可知 3 号电容器开关柜检测数据异常，其相邻柜超声检测均正常。

表 7-6 35kV 开关柜超声检测数据

序号	设备名称	检测序号	超声波测量值（dB）			负荷（A）	备注
			柜前	柜后	柜顶		
1	35kV Ⅰ段母线电压互感器柜	1	−6	−6	−6		
		2	−6	−6	−6		
2	1号电容器开关柜	1	−6	−6	−6		
		2	−6	−6	−6		
3	3号电容器开关柜	1	13	23	23		
		2	12	23	22		
4	1号站用变压器开关柜	1	−6	−6	−6		
		2	−6	−6	−6		
5	35kV 母分开关柜	1	−6	−6	−6		
		2	−6	−6	−6		

对 220kV 某变电站开关室内所有开关柜进行暂态低电压检测，环境背景值为 12dB，3 号电容器开关柜及相邻间隔暂态地电压检测数据见表 7-7。

表 7-7　　　　　　　　　　　　35kV 开关柜暂态地电压检测数据

序号	设备名称	检测序号	测量值（dBmV）							
			前中	前下	后上	后中	后下	侧上	侧中	侧下
1	35kV Ⅰ段母线电压互感器柜	1	15	15	5	5	7			
		2	12	13	7	6	8			
2	1号电容器开关柜	1	10	11	8	9	7			
		2	10	10	9	8	8			
3	3号电容器开关柜	1	10	12	9	10	6			
		2	11	11	8	11	7			
4	1号站用变压器开关柜	1	10	11	9	11	9			
		2	10	10	9	9	9			
5	35kV 母分开关柜	1	11	11	9	10	7			
		2	10	11	9	8	8			

根据上表可知，3 号电容器开关柜暂态地电压检测正常。

4. 综合分析

（1）外界干扰信号的排除。现场勘察开关室后，发现外界放电信号有可能对检测数据进行干扰，因此关闭开关室内空调、柜内温湿度加热器、开关柜在线检测等设备，实际所测环境背景为−6dB。为排除不是外界环境因素干扰，现场也多次测量 3 号电容器开关柜相邻设备。因超声波指向性比较明显，从开关柜不同位置进行多次检测，正确反映柜内信息。

（2）开关柜超声波数据分析。3 号电容器开关柜为山东泰开成套电器有限公司生产的 KYN 铠装型移开式开关设备，其结构简图如图 7-6 所示。后柜下部位是电容器电缆仓，前柜下部为开关仓，前柜上部位是二次仪表室。

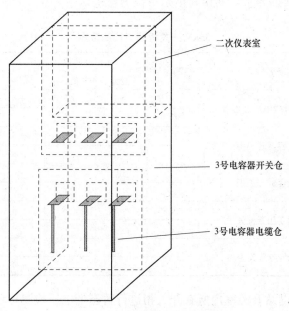

图 7-6　3 号电容器开关柜简图

开关柜主要测点：前柜门缝隙处、后柜门缝隙处、开关柜上部位孔洞处。检测数据见表 7-8。后柜检测点明显大于前柜检测点，数据差值达到 10dB，可以初步断定放电点处在电缆仓。后柜检测点检测数据如图 7-7 所示。

表 7-8　　　　　　　　　　　　3 号电容器开关柜测点数据

位置	数值
前柜门缝隙处	13dB
后柜门上缝隙处（靠近支持套管）	26dB
后柜门下缝隙处	17dB
后柜门中缝隙处	14dB
柜后母线仓缝隙处	23dB

图 7-7　3 号电容器开关柜后柜检测点数据

3 号电容器开关处运行，电流 113.4A，开关柜测得前柜 13dB，后柜最高为 26dB，后柜下部放电明显低于中上部，最高测值为支持套管附近，与环境背景值相差较大。开关柜整体结构较为封闭，衰减较大，因此所测得的超声波幅值比柜内要小。

（3）停电复测。7月15日，值班员对3号电容器开关柜进行复测。所测数据与之前检测数据一致。后由运维人员向调度申请退出3号电容器，投入相邻间隔1号电容器。3号电容器改热备用再次进行复测，放电异常现象消失。即排除母线放电情况，疑似出线支持套管处异常放电。

（4）结论及建议。综合分析检测结果认为：3号电容器开关柜存在异常放电现象，疑似3号电容器开关出线支持套管处因污秽、积尘沿面放电现象比较严重，排除母线放电。

根据国家电网公司运检一〔2014〕108号《变电站设备带电检测工作指导意见》及现场检测情况，建议：超声波检测幅值大于15dB，运维单位对3号电容器开关柜应该汇报严重缺陷，尽快安排检修处理，后续跟踪。

7.3 开关柜暂态地电压局部放电检测

7.3.1 原理

开关柜局部放电会产生电磁波，电磁波在金属壁形成趋肤效应，并沿着金属表面进行传播，同时在金属表面产生暂态地电压，暂态地电压信号的大小与局部放电的严重程度及放电点的位置相关。利用专用的传感器对暂态地电压信号进行检测，从而判断开关柜内部的局部放电故障，也可根据暂态地电压信号到达不同传感器的时间差或幅值对比进行局部放电源定位。开关柜暂态地电压局部放电检测原理图如图7-8所示。

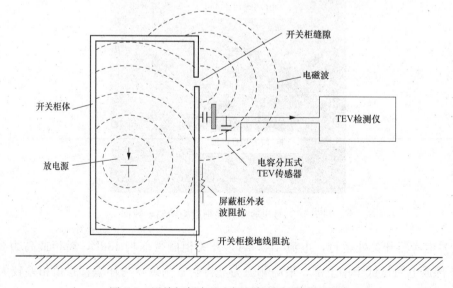

图7-8 开关柜暂态地电压局部放电检测原理图

7.3.2　检测要求

1. 环境要求

（1）环境温度宜在－10～40℃。

（2）环境相对湿度不高于80%。

（3）禁止在雷电天气进行检测。

（4）室内检测应尽量避免气体放电灯，排风系统电机，手机、相机闪光灯等干扰源对检测的影响。

（5）通过暂态地电压局部放电检测仪器检测到的背景噪声幅值较小，不会掩盖可能存在的局部放电信号，不会对检测造成干扰，若测得背景噪声较大，可通过改变检测频段降低测得的背景噪声值。

2. 待测设备要求

（1）开关柜处于带电状态。

（2）开关柜投入运行超过30min。

（3）开关柜金属外壳清洁并可靠接地。

（4）开关柜上无其他外部作业。

（5）退出电容器、电抗器开关柜的自动电压控制系统（AVC）。

3. 仪器要求

（1）功能要求：

1）可显示暂态地电压信号幅值大小。

2）具备报警阈值设置及告警功能。

3）若采用可充电电池供电，充电电压为220V、频率为50Hz，充满电单次连续使用时间不低于4h。

4）应具有仪器自检功能。

5）应具有数据存储和检测信息管理功能。

6）应具有脉冲计数功能。

（2）仪器保管要求：

1）开关柜暂态地电压局部放电检测仪器应有专人负责，妥善保管。各单位应建立台账，具备出厂合格证、使用说明书、质保书、检定证书、分析软件和操作手册等档案资料。

2）仪器仪表管理应纳入公司PMS系统，各单位应完整、规范地在PMS系统登记本单位的仪器仪表台账。

3）仪器仪表的保管、使用环境条件以及运输中的冲击、振动应符合其技术性能要求。

4）使用人员在携带仪器前往现场途中，要防止仪器过分振动和碰撞，及时做好相应防范措施。在使用过程中防止仪器受潮。

5）仪器仪表保养每季不少于 1 次，确保处于完好状态。

6）仪器仪表发生故障时，应由专业修理人员修理，检测合格后方能投入使用。

4. 检测周期要求

（1）110（66）kV 及以上变电站：运维单位 1 年。

（2）换流站：运维单位 1 年。

（3）新安装及 A、B 类检修重新投运后 1 个月内。

（4）必要时，如迎峰度夏（冬）、大负荷、检修结束送电期间增加检测频次。

7.3.3 检测数据分析处理

1. 判断方法

（1）纵向分析法。对同一开关柜不同时间的暂态地电压测试结果进行比较，从而判断开关柜的运行状况。需要电力工作人员周期性地对开关室内开关柜进行检测，并将每次检测的结果存档备份，以便于分析。

（2）横向分析法。对同一个开关室内同类开关柜的暂态地电压测试结果进行比较，从而判断开关柜的运行状况。当某一开关柜个体测试结果大于同类开关柜的测试结果和环境背景值时，推断该设备有存在缺陷的可能。

（3）故障定位。定位技术主要根据暂态地电压信号到达传感器的时间来确定放电活动的位置，先被触发的传感器表明其距离放电点位置较近。

在开关柜的横向进行定位，当两个传感器同时触发时，说明放电位置在两个传感器的中线上。同理，在开关柜的纵向进行定位，同样确定一根中线，两根中线的交点，就是局部放电的具体位置。在检测过程中需要注意以下两点：

1）两个传感器触发不稳定。出现这种情况的原因之一是信号到达两个传感器的时间相差很小，超过了定位仪器的分辨率。也可能是由于两个传感器与放电点的距离大致相等造成的，可略微移动其中一个传感器，使得定位仪器能够分辨出哪个传感器先被触发。

2）离测量位置较远处存在强烈的放电活动。由于信号高频分量的衰减，信号经过较长距离的传输后波形前沿发生畸变，且因为信号不同频率分量传播的速度略微不同，造成波形前沿进一步畸变，影响定位仪器判断。此外，强烈的噪声干扰也会导致定位仪器判断不稳定。

2. 判断依据

暂态地电压结果分析方法可采取纵向分析法、横向分析法等方法。判断指导原则如下：

(1) 若开关柜检测结果与环境背景值的差值大于20dBmV，需查明原因。

(2) 若开关柜检测结果与历史数据的差值大于20dBmV，需查明原因。

(3) 若本开关柜检测结果与邻近开关柜检测结果的差值大于20dBmV，需查明原因。

(4) 必要时，进行局部放电定位、超声波检测等诊断性检测。

7.3.4　典型案例分析

[例7-3]　220kV某变电站35kV Ⅱ段母线开关柜暂态地电压及超声波检测异常案例

1. 概况

2019年9月15日，变电站值班员在开展220kV某变电站带电检测工作时，发现35kV开关室内35kV Ⅱ段母线的开关柜普遍存在异常暂态地电压和超声波信号。尤其以2号主变压器35kV开关柜、35kV Ⅱ段母线电压互感器避雷器柜和35kV 2号电抗器开关柜的放电信号最明显，疑似绝缘表面缺陷。

2. 检测对象

检测对象为220kV某变电站35kV开关柜设备（大型柜），设备基本信息见表7-9，35kV Ⅱ段母线和35kV Ⅰ段母线的全部柜位布置图分别如图7-9和图7-10所示。

表7-9　　　　　　　　　　　　检 测 对 象 信 息

电压等级	型号	生产厂家	出厂日期
35kV	XSN-40.5-09	耐吉科技股份有限公司	2002年9月

35kV 2号站用变压器柜	35kV 2号站用变压器高压熔丝柜	2号主变压器35kV开关柜	35kV 4号电抗器开关柜	35kV Ⅱ段母线避雷器柜	35kV 2号电容器开关柜	35kV 2号电抗器开关柜

图7-9　35kV Ⅱ段母线柜位布置图

35kV 1号电抗器开关柜	35kV 1号电容器开关柜	35kV Ⅰ段母线避雷器柜	35kV 3号电抗器开关柜	1号主变压器35kV开关柜	35kV 1号站用变压器高压熔丝柜	35kV 1号站用变压器柜

图7-10　35kV Ⅰ段母线柜位布置图

该开关柜检测项目为超声波局部放电、暂态地电压检测。

3. 检测数据

在对 35kV 开关室内开关柜开展暂态地电压检测过程中，如图 7-11 所示选取信号测试点，测试前，首先测试 35kV 开关柜室两侧金属门，35kV 2 号站用变压器边上的金属门测得地电压数值为 40dBmV，空气背景为 38dBmV；35kV 1 号站用变压器边上的金属门测得地电压数值为 26dBmV，空气背景为 25dBmV。由于 TEV 背景值整体较大，怀疑房间内可能存在通用固定干扰源或者绝缘异常，同时，35kV 2 号站用变压器一侧的背景值比 35kV 1 号站用变压器一侧的背景值大，因此初步判断 35kV Ⅱ 段母线侧的某几个开关柜可能存在较明显的绝缘异常。表 7-10 和表 7-11 分别列出了 35kV Ⅱ 段母线侧和35kV Ⅰ 段母线侧的全部开关柜 TEV 原始数据。

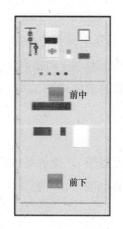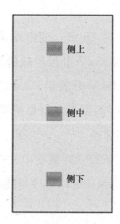

图 7-11　开关柜暂态地电压信号测点图

表 7-10　　　　　35kV Ⅱ 段母线侧的全部开关柜暂态地电压测试数据

环境背景值		空气　38dBmV			位置		小车导轨			
		金属　39dBmV			位置		门			
序号	测量部位	测量值（dBmV）								备注
		前中	前下	后上	后中	后下	侧上	侧中	侧下	
1	35kV 2 号站用变压器柜	58	56	54	54	53	56	56	54	异常
2	35kV 2 号站用变压器高压熔丝柜	59	59	55	55	55	—	—	—	异常
3	2 号主变压器 35kV 开关柜	58	58	54	54	54	—	—	—	异常
4	35kV 4 号电抗器柜	57	56	50	53	50	—	—	—	异常
5	35kV Ⅱ 段母线电压互感器避雷器柜	54	53	46	47	47	—	—	—	异常
6	35kV 2 号电容器柜	47	48	42	43	38	—	—	—	正常
7	35kV 2 号电抗器柜	46	47	48	48	48	—	—	—	正常

表 7-11　　　　　35kV Ⅰ 段母线侧的全部开关柜暂态地电压测试数据

环境背景值		空气　25dBmV			位置		小车导轨		
		金属　26dBmV			位置		门		
序号	测量部位	测量值（dBmV）								备注
		前中	前下	后上	后中	后下	侧上	侧中	侧下	
1	35kV 1 号电抗器柜	41	43	43	43	43	—	—	—	异常
2	35kV 1 号电容器柜	45	45	36	36	36	—	—	—	异常
3	35kV 1 段母线电压互感器避雷器柜	45	44	42	43	42	—	—	—	异常
4	35kV 3 号电抗器柜	47	49	33	33	33	—	—	—	异常
5	1 号主变压器 35kV 开关柜	43	44	30	32	29	—	—	—	正常
6	35kV 1 号站用变压器高压熔丝柜	42	42	28	29	30	—	—	—	正常
7	35kV 1 号站用变压器柜	34	34	29	27	29	27	26	27	正常

　　在对 35kV Ⅱ 段母线的开关柜进行超声波局部放电检测时，环境背景值为－6dB，观察到开关柜后柜门的结构在两面开关柜之间留有较大的缝隙，从部分开关柜缝隙内能够听到明显的超声信号，异常测试数据（最大值）见表 7-12。

表 7-12　　　　　35kV Ⅱ 段母线的部分异常开关柜超声波测试数据

环境背景值（dB）		－6		
序号	测量部位	测量值（dB）		备注
		前柜	后柜	
1	2 号主变压器 35kV 开关柜	4	16	异常
2	35kV Ⅱ 段母线电压互感器避雷器柜	5	22	异常
3	35kV 2 号电抗器柜	4	14	异常

4. 综合分析

　　2 号主变压器 35kV 开关柜、35kV Ⅱ 段母线电压互感器避雷器柜和 35kV 2 号电抗器开关柜的超声信号如图 7-12 所示，从三个异常柜的后上柜缝隙内测出的超声波信号普遍高于后中柜、后下柜，同时又以 35kV Ⅱ 段母线电压互感器避雷器柜的后上柜缝隙内听到的放电声最明显，且超声波幅值已经达到 20～30dB 的危险预警等级。

　　在上述三个开关柜的前中、前下位置基本不能测到超声信号，只有在前上柜的一个缝隙内测到低幅值的超声信号，因为前中柜内有一块金属隔板阻断上柜［图 7-13（b）］，且前后柜之间有开关小车和钢板阻隔［图 7-13（a）］，对超声波具有显著的衰减作用。35kV Ⅱ 段母线电压互感器避雷器柜的后柜内部［图 7-13（a）］呈开放式分布，因此只在后柜的上部和中下部能测到持续的超声信号。再结合后柜的超声波幅值从上至下的衰减规律，可基本确定放电源位于 35kV Ⅱ段母线电压互感器避雷器柜、2 号主变压器 35kV 开关柜和 35kV 2 号电抗器开关柜的上部母线柜内（图 7-12）。

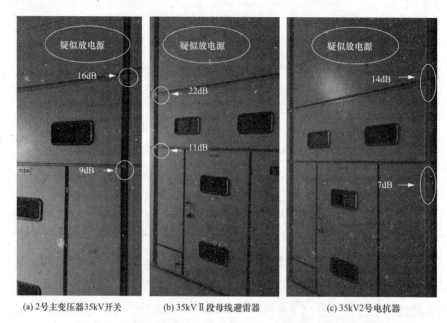

(a) 2号主变压器35kV开关　　　　(b) 35kVⅡ段母线避雷器　　　　(c) 35kV2号电抗器

图 7-12　35kV Ⅱ段母线侧的三个异常柜超声波信号实景图

(a) 35kVⅡ段母线电压互感器避雷器下柜实景图　　　　(b) 异常开关柜正面图

图 7-13　异常开关柜体的细节实景

　　室内的 TEV 背景值普遍较大（38dBmV 左右），且不能排除。开关柜的各个位置检测值与背景值之间的差值在 15～20dBmV 之间，鉴于母线柜的开放式布局，若几个开关柜的上柜（母线）内存在绝缘表面（如穿柜套管或母线表面）放电缺陷，会使 35kV Ⅱ段母线侧的开关柜整体呈现 TEV 高幅值。同时，由图 7-13（a）可见绝缘套管表面积灰严重，放电最可能源于绝缘表面脏污。

5. 结论及建议

（1）综合分析检测结果认为：35kV Ⅱ段母线侧的 2 号主变压器 35kV 开关柜、35kV Ⅱ段母线电压互感器避雷器柜和 35kV 2 号电抗器开关柜可能存在局部放电信号，呈套管尖端或电晕放电类缺陷，放电的最大可能是母线柜内的绝缘表面脏污。

（2）建议：

1）根据国家电网公司运检一〔2014〕108 号《变电站设备带电检测工作指导意见》及现场检测情况，对此异常信号加强跟踪，运维单位的超声波和暂态地电压局部放电检测均由 1 年缩短至 1 周；或者运用 PDM03 在线监测仪进行监测，实时关注放电趋势。

2）采取特高频带电检测技术等其他手段进行测试和综合分析，参照局部放电信号典型谱图确定缺陷类型。结合示波器进行定位，确定放电源的确切位置，对设备停电检修验证分析结果。

7.4　变压器铁芯接地电流检测

7.4.1　原理

变压器铁芯接地电流检测是通过检测变压器铁芯外引接地套管的接地下引线电流是否正常，从而尽快地发现潜伏性故障的检测方法，是保证大型电力变压器安全运行的重要手段，其检测原理如图 7-14 所示。

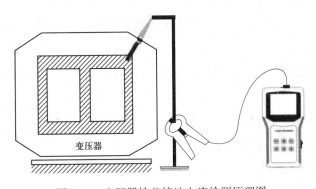

图 7-14　变压器铁芯接地电流检测原理图

7.4.2　检测要求

1. 环境要求

（1）在良好的天气下进行检测。

（2）环境温度不宜低于5℃。

（3）环境相对湿度不大于80％。

2．待测设备要求

（1）设备处于运行状态。

（2）被测变压器铁芯、夹件（如有）接地引线引出至变压器下部并可靠接地。

3．仪器要求

变压器铁芯接地电流检测装置一般为两种，为钳形电流表和变压器铁芯接地电流检测仪：

（1）钳形电流表具备电流测量、显示及锁定功能。

（2）变压器铁芯接地电流检测仪具备电流采集、处理、波形分析及超限告警等功能。

4．功能要求

（1）钳形电流表卡钳内径应大于接地线直径。

（2）检测仪器应有多个量程供选择，且具有量程200mA以下的最小挡位。

（3）检测仪器应具备电池等可移动式电源，且充满电后可连续使用4h以上。

（4）变压器铁芯接地电流检测仪具备数据超限警告，检测数据导入、导出、查询，电流波形实时显示功能。

（5）变压器铁芯接地电流检测仪具备检测软件升级功能。

5．仪器保管要求

（1）变压器铁芯接地电流检测仪应有专人负责，妥善保管。各单位应建立台账，具备出厂合格证、使用说明书、质保书、检定证书、分析软件和操作手册等档案资料。

（2）仪器仪表管理应纳入公司PMS系统，各单位应完整、规范地在PMS系统登记本单位的仪器仪表台账。

（3）仪器仪表的保管、使用环境条件以及运输中的冲击、振动应符合其技术性能要求。

（4）使用人员在携带仪器前往现场途中，要防止仪器过分振动和碰撞，及时做好相应防范措施。在使用过程中防止仪器受潮。

（5）仪器仪表保养每季不少于1次，确保处于完好状态。

（6）仪器仪表发生故障时，应由专业修理人员修理，检测合格后方能投入使用。

6．检测周期要求

（1）1000kV：运维单位1个月。

（2）换流变电抗器（平抗）：运维单位1个月。

（3）750kV：运维单位1个月。

（4）330～500kV：运维单位 3 个月。

（5）220kV：运维单位 6 个月。

（6）110(66)kV：运维单位 1 年。

（7）新安装及 A、B 类检修重新投运后 1 周内。

（8）必要时，如迎峰度夏（冬）、大负荷、检修结束送电期间增加检测频次。

7.4.3　检测数据分析处理

1. 判断方法

（1）当变压器铁芯接地电流检测结果受环境及检测方法的影响较大时，可通过历次试验结果进行综合比较，根据其变化趋势做出判断。

（2）数据分析还需综合考虑设备历史运行状况、同类型设备参考数据，同时结合其他带电检测试验结果，如油色谱试验、红外精确测温及高频局部放电检测等手段进行综合分析。

（3）接地电流大于 300mA 应考虑铁芯（夹件）存在多点接地故障，必要时串接限流电阻。

（4）当怀疑有铁芯多点间歇性接地时可辅以在线检测装置进行连续检测。

2. 判断依据

变压器铁芯接地电流检测结果应符合以下要求：

（1）1000kV 变压器：≤300mA（注意值）。

（2）其他变压器：≤100mA（注意值）。

（3）与历史数值比较无较大变化。

第8章　变电运维专项工作管理

8.1　防高温管理

（1）应根据本地区气候特点和现场实际，制定相应的变电站设备防高温预案和措施。

（2）气温较高时，应对主变压器等重载设备进行特巡；应增加红外测温频次，及时掌握设备发热情况。

（3）运维人员应在巡视中重点检查设备的油温、油位、压力及软母线驰度的变化和管型母线的弯曲变化情况。

（4）高温天气来临前，运维人员应带电传动试验通风设施和空调、降温驱潮装置的自动控制系统等，发现问题及早消缺。

（5）加强高温天气下，设备冷却装置、通风散热设施的运维工作。应按照班组工作计划，按时开启设备室的通风设施和降温驱潮装置；并定期进行传动试验及变压器的冷却系统工作电源和备用电源定期轮换试验等工作。

（6）加强端子箱、机构箱、汇控柜等箱（柜）体内的温湿度控制器及其回路的运维工作，定期检查清理箱体通风换气孔。对没有透气孔的老式端子箱应加装透气孔。重点检查加热驱潮成套装置超越设定限值时，温湿度自动控制器能够自动启停。

（7）夏季高温潮湿天气下，应检查设备室温湿度测试仪表是否工作正常，指示的温度、湿度数据是否准确，否则应予更换。

（8）高温天气期间，二次设备室、保护装置在就地安装的高压开关室应保证室温不超过30℃。

（9）智能控制柜应具备温度、湿度调节功能，柜内最低温度应保持在5℃以上；柜内最高温度不超过柜外环境最高温度或40℃（当柜外环境最高温度超过50℃时）。

8.2　防汛抗台管理

8.2.1　防汛管理

（1）应根据本地区的气候特点、地理位置和现场实际，制定相关预案及措施，并定期进行演练。变电站内应配备充足的防汛设备和防汛物资，包括潜水泵、塑料布、塑料管、沙袋、铁锹等。

（2）在每年汛前应对防汛设备进行全面的检查、试验，确保处于完好状态，并做好记录。

（3）防汛物资应由专人保管、定点存放，并建立台账。

（4）雨季来临前对可能积水的地下室、电缆沟、电缆隧道及场区的排水设施进行全面检查和疏通，对房屋渗漏情况进行检查，做好防进水和排水及屋顶防渗漏措施。

（5）下雨时对房屋渗漏、排水情况进行检查；雨后检查地下室、电缆沟、电缆隧道等积水情况，并及时排水，做好设备室通风工作。

8.2.2 防（台）风管理

（1）应根据本地区气候特点和现场实际，制定相应的变电站设备防（台）风预案和措施。

（2）大（台）风前后，应重点检查设备引流线、设备防雨罩、避雷针、绝缘子等是否存在异常；检查屋顶和墙壁彩钢瓦、建筑物门窗是否正常；检查户外堆放物品是否合适，箱体是否牢固，户外端子箱是否密封良好。

（3）每月检查和清理设备区、围墙及周围的覆盖物、漂浮物等，防止被大风刮到运行设备上造成故障。

（4）有土建、扩建、技改等工程作业的变电站，在大（台）风来临前运维人员应加强对正在施工的场地的检查，重点检查材料堆放、脚手架稳固、护网加固、临时孔洞封堵、缝隙封堵、安全措施等情况，发现隐患要求施工单位立刻整改，防止设施机械倒塌或者坠落事故，防止雨布、绳索、安全围栏绳吹到带电设备上引发事故。

8.3 防冰冻雨雪管理

（1）应根据本地区的气候特点和现场实际，制定相应的变电站设备防寒预案和措施。

（2）秋冬交季前、气温骤降时应检查充油设备的油位、充气设备的压力情况。

（3）对装有温控器的驱潮、加热装置应进行带电试验或用测量回路的方法进行验证有无断线，当气温低于5℃或湿度大于75％时应复查驱潮、加热装置是否正常。

（4）根据变电站环境温度及设备要求，检查温控器整定值，及时投、停加热装置。

（5）冬季气温较低时，应重点检查开关机构箱、变压器控制柜和户外控制保护接口柜内的加热器运行是否良好、空调系统运行是否正常，发现问题及时处理，做好防寒保温措施。

（6）变电站容易冻结和可能出沉降地区的消防水、绿化水系统等设施应采取防冻和防沉降措施。消防水压力应满足变电站消防要求并定期检查，最低不应小于 0.1MPa；绿化水管路总阀门应关闭，下级管路中应无水，注水阀应关闭。

（7）检查设备室内采暖设施运行正常，温度在要求范围。

8.4 防鸟害管理

（1）变电站应根据鸟害实际情况安装防鸟害装置。

（2）运维人员在巡视设备时应检查鸟害及防鸟害装置情况，发现异常应及时按照缺陷流程安排处理。

（3）重点检查室外设备本体及构架上是否有鸟巢等，若发现有鸟巢位置较低或能够无风险清除应立即清除。位置较高无法清除或清除有危险的应上报本单位运检部，清理前加强跟踪巡视。

8.5 防潮管理

（1）变电站高压设备室应安装温湿度计，并定期巡视检查。各设备室的相对湿度不得超过 75%，巡视时应检查除湿设施功能是否有效。

（2）智能控制柜应具备温度、湿度调节功能，柜内湿度应保持在 90% 以下。

（3）户外端子箱、机构箱、电源箱电缆孔洞应可靠封堵，不存在受潮、凝露现象。对封堵不好、密封不良的设备立即进行处理，避免因二次设备受潮造成主设备停运。

（4）高压开关柜电缆封堵良好，加热除潮装置工作正常，绝缘护套、电缆接头无破损、受潮，柜内无异响现象。对异常设备加强带电检测，缩短巡视周期，及时维护消缺。

（5）加强站内直流系统运行监控，确保绝缘监测装置工作正常，正负极对地绝缘满足要求，蓄电池外观及电压正常。断路器、隔离开关辅助触点无受潮卡涩，严防直流系统多点接地造成保护误动作或拒动作。

（6）根据变电站环境温度及设备要求，重点检查防潮防凝露装置，及时投、停加热装置。

8.6 充气设备漏气管理

变电站充气设备主要包括 GIS 组合电器、SF_6 断路器、SF_6 电流互感器等，主要异常现象表现为渗漏气导致频繁报警，正常时气压偏低等情况，冬季气温较低，对于原本压力低于额定压力的需补气到额定压力，对于未带温度补偿的开关压力受温度变化影响较大，特别冬季气温低时压力下降明显，其压力需根据温度曲线折算，班组需重点跟踪。管控要求如下：

（1）纳入巡视记录簿中问题设备清单。

（2）对于经常需要补气（两次补气间隔小于 6 个月），存在漏点的 SF_6 设备，结合例行巡视抄录 SF_6 压力及记录环境温湿度，及时将数据录入 SF_6 漏气设备压力跟踪记录表，生成相应的变化曲线，并进行相应的分析，此表按照每年每座变电站建立一张表进行记录。

（3）对下降趋势明显或压力下降至报警值的，按要求管控，发现压力低于管理值应及时汇报。

（4）充气设备进行带电补气的，应记录补气前后的压力值、补气时的环境温湿度及补气人员等信息。

（5）对于 GIS 设备，分析压力低的气室相邻气室是否存在压力高的情况，是否存在气室之间漏气的可能。

（6）缩短巡视周期，并抄录漏气的气室，并记入相关跟踪表格。

8.7　充油设备渗漏油管理

变电站充油设备主要包括主变压器（油浸式电抗器）、电压互感器、电流互感器以及部分断路器的液压机构，主要表现本体或与本体连接处渗漏油、充油设备油位偏低（偏高）、油位观察窗模糊、就地与后台油温指示数据有较大误差等现象。管控要求如下：

（1）主变压器、电流互感器、电压互感器、油浸式电抗器、密集型电容器、液压断路器等充油设备本体及组件应无渗漏油。

（2）主变压器油位指示应符合"油温－油位曲线"。

（3）对"小油枕"型主变压器，在主变压器储油柜油位达到最小一个刻度时告变电运维室协调检修补油。

（4）冬季（气温低于 10℃），对主变压器停役后的再复役，应加强主变压器充油套管的油位检查和红外测温。

（5）现场发现的各类充油设备渗漏油均应上报缺陷均。

（6）对已存在的渗漏点，每次巡视需对渗漏情况进行跟踪，判断是否有发展加剧趋

179

势，若有及时汇报。

8.8　发热点管理

（1）已存在的发热缺陷跟踪测温要求：对于已存在的发热缺陷需结合例行巡视进行测温，并尽量安排在高峰负荷时段进行，并避免在光照充足时段进行；对于电容器设备的发热，在电容器可投的情况下，需在电容器投入后进行测温；已知发热点在设备负荷有明显增大时（运行方式调整），应及时安排跟踪测温，并缩短跟踪周期。

（2）每次跟踪测温后，应及时将测温情况录入红外测温异常发热点跟踪记录，生成相应的变化曲线，并进行相应的分析；对发热有加剧趋势时应及时汇报。

8.9　防小动物管理

（1）高压配电室（10kV 及以下电压等级高压配电室）、低压配电室、电缆层室、蓄电池室、通信机房、设备区保护小室等通风口处应有防鸟措施，出入门应有防鼠板，防鼠板高度不低于 40cm。

（2）设备室、电缆夹层、电缆竖井、控制室、保护室等孔洞应严密封堵，各屏柜底部应用防火材料封严，电缆沟道盖板应完好严密。各开关柜、端子箱和机构箱应封堵严密。

（3）各设备室不得存放食品，应放有捕鼠（驱鼠）器械（含电子式），并做好统一标识。

（4）通风设施进出口、自然排水口应有金属网格等防止小动物进入的措施。

（5）变电站围墙、大门、设备围栏应完好，大门应随时关闭。各设备室的门窗应完好严密。

（6）定期检查防小动物措施落实情况，发现问题及时处理并做好记录。

（7）巡视时应注意检查有无小动物活动迹象，如有异常，应查明原因，采取措施。

（8）因施工和工作需要将封堵的孔洞、入口、屏柜底打开时，应在工作结束时及时封堵。若施工工期较长，每日收工时施工人员应采取临时封堵措施。工作完成后应验收防小动物措施恢复情况。

第9章　变电设备主人制管理

9.1　概述

设备主人制是指通过对变电运维专业值班模式和职责界面进行优化调整，结合智能运检新技术的不断深化应用，以此来驱动工作模式和业务流程的转变。同步消减部分质量、效率不高的日常工作，将一部分"懂设备、会运维、能管控"且技能水平突出、高学历高素质的运维人员，从重复、繁杂、低效的倒闸操作、运行巡视等工作中解放出来。在生产指挥中心的统筹管理和业务指导下，以提升设备本质安全管控能力为核心，通过生产任务为导向的工作模式，安全、合理、高效的进行工作计划安排和人力资源调配，日常以开展专业性较强的设备带电检测、专项隐患排查和精益化管理等面向设备的工作为主，同时承担夜间应急、故障处置、大型改造现场管控、设备启动安全管理等急难险重任务，从而实现人力资源内部挖潜，有效缓解结构性缺员的问题。以设备主人参与设备全寿命周期全过程管控为抓手，真正实现技术监督、质量管控关口前移的落地，从机制上实现设备质量的可控、能控，成为专业技术要求闭环管理的重要支撑。

设备主人的核心工作，主要是开展可研初设审查、厂内验收、到货验收、隐蔽工程验收、中间验收、竣工验收、启动验收等项目前期管控工作，以综合检修为主的检修全过程监管工作，一站一库梳理、专项隐患排查、带电检测等设备状态评价工作，节假日及夜间应急增援等工作，以及基于全面掌握站内设备健康运行水平的精准运维和差异化运维工作。

9.2　项目前期管理

9.2.1　建立投运前端问题库

由设备主人团队成员收集、整理近五年新（改）建变电工程在出厂验收、中间验收、竣工验收、投产启动等环节发现的设备（设施）典型问题和运行过程中发现的共性问题，建立完善工程验收典型问题及投运后共性问题数据库（主要包括电气部分和土建部分两个大类；按不同阶段分类可分为可研阶段、设计阶段、施工阶段）。一方面通过对问题库的数据梳理、分析，寻求下一工程解决方案；另一方面作为运维专业团队定期交流学习的材料，拓展专业面。

9.2.2 参与新建、改建工程前期工作

设备主人团队成员参加发策部组织的可研评审会议，结合前期梳理的投运前端问题库，重点从设备安全运行、运维便利性方面对系统接入方案、变电站选址、主接线形式、变电站小室布置合理性、设备选型原则、站外电源引入方式以及其他技改项目结合情况进行审查，核实设备反措、生产差异化需求及可研阶段提出的相关问题的落实情况并按照国家电网有限公司变电运检五项通用准则（简称"五通"）可研初设评审记录模板形成书面记录反馈生产指挥中心，或以内部联系单的形式直接向基建部反馈。

9.2.3 参与新建变电站中间验收工作

在新建变电站投产运行准备期间，设备主人团队开展投运前验收，主要分为隐蔽工程验收、中间验收、竣工（预）验收，设备主人对每一验收环节单独组织，全面介入各环节验收过程，每次验收分别从验收前期准备、组织验收、验收结果及反馈三部分内容开展。充分发挥设备主人功效，全方位、多角度把握验收标准，确保变电站安全顺利投运，同时减轻后期运行维护期间的压力。

9.3 一站一库建设

9.3.1 着手完善设备状况数据库，形成"一站一库"原型及设备问题大数据库

"一站一库"主要包括两大部分内容，一是工程验收典型问题、投运后共性问题数据，主要收集、整理近五年来新（改）建变电工程在出厂验收、中间验收、竣工验收、投产启动等环节发现的设备（设施）典型问题和运行过程中（包括在运变电站）发现的设备（设施）共性问题；二是设备运行全过程问题数据，主要针对目前在运变电站存在的设备"特殊点、危险点、缺陷、隐患排查、未落实反措要点、各级各类督查稽查发现问题"等涉及设备管理的相关数据，汇总"一站一库"形成大数据库，实行按月滚动更新发布。

9.3.2 "设备主人"建立变电站设备"一站一库"

变电站在可研立项开始，即确定一设备主人全程管理。设备主人将投运前期遗留问

题和投运后变电站各类设备（设施）在日常运维、现场作业、技术资料、精益化评价、隐患排查、反措专项排查、设备特殊点、设备危险点等各类问题，整合完善，不断充实，形成了变电站"一站一库"。同时，运维人员利用"一站一库"开展针对性的有效运维。

例如设备主人发现浦口变电站 220kV 母线电压互感器 3U0 电压较其他变电站轻微偏大，虽未告警，设备主人仍将此异常计入"一站一库"，并建立了跟踪表格，提醒所有运维人员在巡视时抄录三相电压和 3U0 电压。在得到半年的抄录数据后，设备主人展开分析，发现 A 相电压有轻微的上升趋势，随即将此信息上报至运检专家团队。后经安排停电检查，发现 A 相电压互感器电容量不合格，对此电压互感器进行了更换处理，避免了一起可能的电压互感器击穿事故。

9.3.3 "检修人员"补充变电站设备"一站一库"

实行"检修人员"痕迹化补充：检修人员在综合检修、消缺、专业巡视后需将工作情况详细告知设备主人，同时也提出相应的运维建议。设备主人将该类问题及意见及时补充，形成内容全面完整的变电站设备"一站一库"。

在变电站综合检修计划确定后，设备主人联合检修专业人员对变电站再次进行详细摸排，整理出全面完整、细致深刻的检修用"一站一库"。

例如检修人员在现场完成主变压器特高频局部放电测试接口的安装后，即把此接口的原理告知设备主人，并指出在线局部放电测试，放油阀门为打开状态，巡视中需重点关注该处是否有渗漏油。设备主人即将此信息列入"一站一库"，并作为一个设备特殊点进行重点巡视。

9.3.4 "变电运检专家团队"分析变电站设备"一站一库"

实行"变电运检专家团队"全方位分析：首先由"变电运维专业团队"对于变电站设备"一站一库"进行初步分析，梳理不同专业设备的共性问题及个性问题。再将问题提交至"变电运检专家团队"，由"变电运检专家团队"对个性问题提出相对应的运维及检修策略，对共性问题明确问题产生原因及后续整治策略。

在 10kV 大电流柜发热整治中，设备主人以 110kV 湖塘变电站 10kV 大电流开关柜为对象进行了 24h 的跟踪观察，得到了大电流开关柜触头温度的发热成因与负荷电流大小、有无通风装置、通风装置安装方式、设备自身原因以及开关室环境温度（空调是否正常运行）的相对关系，并提出了整治策略优化建议。变电运检专家团队组织分析，对意见建议全部采纳，形成了系统性整治策略，整治后成效显著。

9.3.5 "各部门"应用变电站设备"一站一库"

实行"各部门"全方位应用:"变电运检专家团队"可通过分析"一站一库"形成相关专题报告,制定设备整治策略;运维部门通过运用"一站一库"对设备进行精准运维;检修部门通过梳理"一站一库"对设备开展差异化检修;生产指挥中心通过比对"一站一库"对生产计划内容进行补充,全方位提升设备精益化管理水平。

建立"一站一库"的目的主要为了进一步做精、做实设备运维管理,提高设备健康运行水平,提升运维人员对管辖设备的掌控力度,以"一站一库"来指导运维人员精准运维、差异化运维,不断提高日常运维工作的针对性;同时提炼共性问题,反馈投运前端各环节管控;结合设备检修,协同专业化检修,做好"修必修好、修必修全"工作。

9.4 生产计划编制与协调

在周期性设备检修计划的基础上,运维团队结合设备主人的针对性建议和运维人员的承载力,参与协调平衡各阶段生产计划及具体实施计划。

(1)参与年度生产计划编制。在检修部门提出的周期性年度检修或重点设备检修及项目主管部门提出基建、改造实施计划的基础上,运维专业团队根据"设备状况评估报告",按照"一停多用"原则,提出结合周期性检修等停电机会需要补充的检修、整治项目;提出需考虑提前检修的设备或变电站建议;同时考虑合适的运维承载力,提交主管部门合理编制确定年度计划。

(2)参与月度生产计划平衡。运维专业团队与设备专人共同参与列入月度计划的变电站前期现场踏勘,提出检修重点建议;结合运维承载力分析,确定月度实施建议,提交主管部门协调;同时统筹安排本班组巡视、操作、带电检测等维护工作,提高运维质量和效率。

(3)动态提出周生产计划工作内容补充。根据设备最新情况,动态提出周计划中相应检修设备需同步纳入检修工作的内容,提交主管部门协调实施。

(4)合理调整检修计划或建议。根据设备评估报告,改变常规的检修模式,调整检修计划。如在110kV海涂变电站年度综合检修计划安排,因变电检修实施C级检修的标准化、模块化管理,检修计划安排往往按正常的逻辑思维,按先1号主变压器、再2号主变压器的顺序进行停电检修,然而运维人员掌握了2号主变压器10kV开关柜存在轻微发热这一不良运行状况,在1号主变压器停役时,由于运行方式调整及负荷的变化将会加剧2号主变压器10kV开关的发热,可能造成设备故障,甚至引起停电事故。在运维人员的要求及建议下，检修人员及时修订了停电检修计划。

（5）加强对零星作业计划管控。针对日常零星检修和消缺作业，设备主人根据停电时间和范围，结合班组承载力和变电站设备状况，在检修时间、检修范围内可以结合停电的工作，向检修单位提出相应的时间要求和检修内容要求，切实达到"一停多用"的效果。

9.5　检修全过程监管

以设备主人提维护、检修需求，参与生产计划编制，监督、检查检修质量的设备主人参与机制，全面介入检修管控。

9.5.1　检修摸底及检修方案评审

对检修变电设备进行摸底和现场勘查，对检修单位的检修方案提出需求，检查评审方案的可行性、正确性及完整性，确保设备的"一停多用"及"应修必修、修必修好"，避免重复性停电消缺事件的发生。

9.5.2　检修过程监管

全面推广设备主人制检修监管方案，编制设备主人制大修监管方案，设备主人团队进驻现场，与检修单位"同进同出"，编制各类设备的检修监管卡，对检修过程中的关键性工作、试验及工序进行现场持卡监管，确保设备检修质量到位。

9.5.3　检修工作验收

加强对检修完成后的设备的验收工作，除进行现场实际操动验收外，还需确认设备各项试验数据均合格，核对监管卡上所有工作项目均已进行，且无漏项后方可完成验收工作。

9.6　与生产指挥中心联动机制

（1）组建带电检测团队，在生产指挥中心的统一指挥下，开展电网风险保电设备带电检测。以参加省公司带电检测专项培训的运维人员为主体，通过值班方式调整，动态组建多人组成的设备主人带电检测队伍。生产指挥中心在收到电网风险预警单后，安排设备主人开展保电设备专项检测，并每日发布现场测试结果，保证电网风险措施的落实。

（2）针对零星停电，指挥中心组织设备主人召开停电计划协调会。针对日常零星检修和消缺作业，设备主人根据停电时间和范围，结合班组承载力和变电站设备状况，在检修时间、检修范围内可以结合停电的工作，向指挥中心提出相应的时间要求和检修内容要求。指挥中心固定召开月度计划协调会，联合设备主人，就如何修、谁来修统一进行落实，切实达到"一停多用"的效果。

（3）设备主人检修结果反馈中心，实现闭环管控。设备主人在现场检修工作结束后，将反措整改情况、一库一报告整改情况等结果反馈生产指挥中心，中心对重要反措等设备本质安全因子进行"销号"管理，通过设备主人的监督，实现全过程闭环管控。

9.7 其他设备主人开展的工作

9.7.1 实行现场设备主人重点问题提醒清单

针对变电站现场存在缺陷、隐患及设备异常点，一是每月初将当前存在问题清单列入巡视记录簿，运维人员结合巡视，对所辖变电站的设备，掌握生产运行状况，核实设备缺陷，督促消缺；二是针对存在较大风险，可能产生较严重后果的重点问题，做成提醒清单，张贴在设备现场，并制订预控措施和应急预案，作为每次巡视、维护的重点跟踪对象，并落实相应的管控措施。

9.7.2 推行大修技改现场设备主人现场蹲守

对时间跨度较长的大型基建、技改工作现场，班组每天轮流或固定安排运维人员到现场进行相关安措检查、电网风险管控、运维管理及相关事项监管、办理相关工作手续等工作，班组管理人员应向现场蹲守人员书面交代相关注意事项和具体工作任务。

第10章　变电物联网技术管理

10.1　变电站智能巡检机器人系统

10.1.1　概述

变电站智能巡检机器人是由移动载体、通信设备和检测设备等组成，采用遥控或全自主运行模式，用于变电站设备巡检作业的移动巡检装置。变电站智能机器人巡检系统是由变电站智能巡检机器人、监控后台、电源系统等组成，能够自主进行变电站巡检作业或远程视频巡视的变电站巡检系统。

10.1.2　运维管理要求

1. 智能巡检机器人巡视检查项目

（1）外壳表面有保护涂层或防腐设计。外表光洁、均匀，无伤痕、毛刺等其他缺陷，标识清晰。外壳零部件匹配牢固、连接可靠，无锈蚀、无松动。

（2）所有连接件、紧固件有防松措施。连接线固定牢靠，布局合理，不外露。

（3）机器人充电室应有明显的接地点并与变电站主地网有效连接。

（4）机器人应配备防碰撞功能，在行走过程中如遇到障碍物应及时停止，在全自主模式下障碍物移除后应能恢复行走。

（5）机器人应能正确接收本地监控和远程集控后台的控制指令，实现云台转动、车体运动、自动充电和设备检测等功能，并正确反馈状态信息；能正确检测机器人本体的各类预警和告警信息，并可靠上报。

（6）轮胎无磨损、老化严重现象，轮胎无凸包。

（7）电池电压采集数据正常，自主充电座可正常充电，充电极铜片无松动、氧化、磨损、破裂、水质等现象。

（8）机器人充电房卫生清洁，卷闸门开启关闭正常。

（9）智能巡检机器人在地图内的定位正确、视频状态数据正常、巡检结果数据正常。

（10）机器人巡视轨道无冰雪覆盖，无异物阻碍。

2. 智能巡检机器人维护注意事项

（1）运维人员应每月对智能巡检机器人进行一次全面维护检查工作，包括智能巡检机器人本体、底盘及云台、传感模块、电池容量、后台系统检测及充电房清扫等，发现问题及时进行处理，无法自行处理的应联系厂家人员。

（2）运维人员应每季对智能巡检机器人进行电池检查维护工作，在智能巡检机器人完全充满状态下启动巡检任务，记录起始电压及终止电压，分析电压是否满足实际的需要，根据实际情况判断电池情况，及时联系厂家更换老化的电池。

3. 智能巡检机器人运行注意事项

（1）运维人员应按照机器人生产厂家提供的技术数据、规范、操作要求及现场的实际运行经验，熟练掌握智能巡检机器人及其巡检系统的使用，及时处理智能机器人巡检系统常见的异常和事故，保证智能机器人巡检系统安全、可靠运行。

（2）运维人员应了解智能巡检机器人运行原理，熟悉智能巡检机器人运行巡视路径。巡检系统后台的数据维护工作应由变电站巡检系统后台管理人员负责，每月全面检查一次巡检系统后台，每季度备份存档一次巡检系统后台内资料数据。

（3）智能机器人巡检系统视频数据保存至少三个月，数据保存至少一年。

（4）智能巡检机器人控制主机应专机专用，严禁挪为他用，禁止在专用机上安装任何与智能巡检机器人无关的软件。

（5）针对 220kV 变电站，智能巡检机器人应每 3～5 天完成一次全站一次设备可见光和红外测温检测，宜在清晨或傍晚进行。特殊时段和特殊天气应增加特巡，恶劣天气时运维人员应尽量避免启动巡检任务。

（6）应由厂家人员对机器人巡检数据进行比对性分析，发现温度异常等缺陷时，由运维人员手持红外测温仪进行现场确认。

（7）运维人员应结合月度全面巡视工作，将机器人巡检结果与人工巡视测温结果进行核对，发现较大偏差时，应立即检查处理。

（8）启动机器人巡检任务前，应现场检查机器人是否具备启动条件：机器人车体状态良好、确认超声波停障功能开启，后台系统运行正常，巡视路线不被占用。

（9）智能巡检机器人在执行任务时不要随意打断智能巡检机器人的自动运行任务，以免操作不当造成智能巡检机器人损坏。

（10）应保证智能巡检机器人巡检道路清洁、无障碍，在启用定时巡检情况下，如遇到施工、检修、绿化导致路面有障碍等情况需禁用定时设置。当施工结束或道路无障碍后可再次启用定时设置。

（11）机器人充电室大门应在机器人进出后及时关闭。

10.1.3　故障及异常处理

1. 故障一：机器人出轨故障

解决方法：

（1）将机器人断电（关电源总开关），并推到磁轨道上，重启机器人；在主控室机器人后台上一键返回充电室。注意：不要推到转弯点正前方无磁轨道处。

（2）让机器人接着执行未完成任务。将机器人断电，并推到磁轨道上（务必保证机器人方向与相应的巡检路线方向一致），重启机器人；在后台启动相应的巡检任务。

2. 故障二：机器人回充电室后未充电（导致后门无法关闭以及机器人自动断电）

解决方法：

（1）将机器人推到充电箱旁（务必保证机器人充电机构门与充电箱插槽保持平齐，保证充电机构能伸进充电箱插槽）。

（2）开启机器人。

（3）回主控室打开机器人后台给机器人充电（控制—控制平台—控制模式切换为手动—充电状态点击开始），充上电后将控制模式再切换为自动。

3. 故障三：机器人出轨后，运维人员未发现导致机器人电量耗尽

解决方法：将机器人推回充电室，手动给机器人充电。

4. 故障四：机器人通信中断

分两种情况考虑：

（1）机器人出轨，长时间未处理后自动关机，导致通信中断。

解决办法：将机器人推到轨道上，开机，一键返回充电点。

（2）机器人巡检过程中出现通信中断。

解决办法：机器人由于运行到高亢等干扰性强的地方，出现短时通信中断，机器人自动尝试连接但不影响机器人的正常巡检。

5. 故障五：机器人无法开机

判断原因：

（1）电池的电量已经耗尽，需要进行手动充电。

（2）若在机器人开启的情况下，指示灯没亮说明电池熔丝已经烧坏。此时应立即联系厂家处理。

6. 故障六：机器人频繁上报超声停障

解决办法：这种情况在下雨天比较容易出现，在控制平台上点击关闭超声即可，在下雨天尽量不让机器人进行巡检工作。

7. 故障七：后台视频画面不动、无法操作后台

解决办法：可通过重启电脑后，重新打开软件可以解决此问题。

8. 故障八：后台无视频画面、显示通信中断

解决办法：

（1）检查机器人是否开机，可到现场查看。

（2）若机器人在开机状态下，还是显示通信中断，则可能和通信有关系，检查电脑后台的几个网线插口，查看是否有接触不好或者断开的情况，重新拔插还是无法解决的，应立即联系厂家处理。

10.2　变电站辅助控制系统

10.2.1　概述

平台将变电站的视频监控、智能门禁、安防系统、消防系统、动力环境、辅助灯光等各辅助子系统进行整合、优化，在监控系统中进行一体化显示和控制，各子系统之间进行相互联动，实现辅助设备的综合监控、告警联动、智能巡检等功能。

10.2.2　运维管理要求

（1）检查辅控系统屏柜内各设备运行正常，指示无异常。

（2）检查各小室、房间门禁正常。

（3）检查辅控系统平台各软件模块运转正常，无异常告警信息。

10.2.3　故障及异常处理

（1）动力环境等告警时，现场检查实际情况，根据实际需要开启必要的通风除湿装置。

（2）安防系统、消防系统等告警时，派员现场检查，并根据安防系统、消防系统运行或告警情况进行综合判断。

（3）辅控系统各硬件模块及软件平台异常或故障时，联系维保单位进行处理。

10.3　变电站视频监控系统

10.3.1　概述

视频监控系统由摄像、传输、控制、显示、记录登记5大部分组成，摄像机通过同轴视频电缆将视频图像传输到控制主机，控制主机再将视频信号分配到各监视器及录像

设备，同时可将需要传输的语音信号同步录入到录像机内。通过控制主机，操作人员可发出指令，对云台的上、下、左、右的动作进行控制及对镜头进行调焦变倍的操作，并可通过控制主机实现在多路摄像机及云台之间的切换。利用特殊的录像处理模式，可对图像进行录入、回放、处理等操作，使录像效果达到最佳。

10.3.2　运维管理要求

每月应对站内视频监控系统进行一次检查，详细检查内如下：

（1）视频显示主机运行正常、画面清晰，摄像机控制灵活，传感器运行正常。

（2）视频主机屏上各指示灯正常，网络连接完好，交换机（网桥）指示灯正常。

（3）摄像机镜头清洁，显示器显示各摄像机图像清晰正常。

（4）摄像机安装牢固，外观完好，方位正常。

（5）信号线和电源引线安装牢固，无松动及风偏现象。

（6）检查遥视系统工作电源及设备应正常，无影响运行的缺陷。

10.3.3　故障及异常处理

1. 无图像显示，无视频信号

（1）现象。线路正常连接、通电后，主机屏显示器无图像显示，硬盘录像机提示"无视频信号""No signal"信号。

（2）原因。此现象一般情况可断定前端视频信号没有正常传送回控制设备，有可能是摄像机未正常供电、电源线断路、摄像机未通电，视频线断路，BNC头焊接不牢靠等。

（3）处理。

1）确认摄像机是否通电，是否正常工作。

2）摄像机未通电，则检查电源、变压器、电源线等。

3）摄像机通电，则可用排除法将摄像机直接连接在显示终端观察，没有显示，则确定摄像机故障，图像显示，则可确定视频传输线路有故障，检查视频线及BNC接头，确认后更换线缆或重新焊接BNC接头。

2. 无图像显示，有视频信号

（1）现象。线路正常连接、通电后，主机屏显示器上无图像显示，黑屏，未见"无视频信号""No signal"提示信号。

（2）原因。未出现"无视频信号""No signal"等提示，证明前端视频信号已传送回控制设备，有可能是现场无照明；摄像机镜头光圈关闭；摄像机角度没有调整好；显示器亮度未调整合适；摄像机供电电源功率不够等。

（3）处理。

1）确认现场照明条件良好，摄像机监视区为可见区域，显示器亮度参数设置正常。

2）然后调整摄像机镜头光圈，如仍然没有图像显示，可用排除法更换摄像机测试。

3）故障依旧，再更换电源测试。

3．图像质量不好，有干扰

（1）现象。图像画面上出现一条黑杠或白杠，并且向上或向下慢慢滚动。

（2）原因。此现象一般是电源干扰或者地环路问题。

（3）处理。

1）在控制主机上，就近只接入一只电源没有问题的摄像机输出信号，如果在监视器上没有出现上述的干扰现象，则说明控制主机无问题。

2）接下来可用一台便携式监视器就近接在前端摄像机的视频输出端，并逐个检查每台摄像机；如有，则进行处理，如无，则干扰是由地环路等原因造成的。

4．云台、高速球无法控制，控制失灵

（1）现象。云台在使用后不久就运转不灵或根本不能转动，但安装调试时可以正常运转。

（2）原因。只允许将摄像机正装的云台，在使用时采用了吊装的方式，在这种情况下，吊装方式导致了云台运转负荷加大，故使用不久就会导致云台的传动机构损坏，甚至烧毁电动机；摄像机及其防护罩等总重量超过云台的承重，特别是室外使用的云台，往往防护罩的重量过大，常会出现云台转不动（特别是垂直方向转不动）的问题；室外云台因环境温度过高、过低，防水、防冻措施不良而出现故障甚至损坏等。

（3）处理。严格按照云台、摄像机的技术参数、环境要求使用设备，若确认云台等设备无问题后，可考虑修理或更换设备。

第11章 变电信息安全管理

11.1 概述

网络和信息安全是电网安全的重要组成部分。随着经济社会发展，网络信息环境变得日益复杂，电力系统网络和信息安全面临更大威胁，同时国家电网有限公司"三型两网"建设也对网络和信息安全提出更高要求。

作为电力系统的枢纽部分，变电站是网络和信息安全管控的重点，面对网络和信息安全工作要求不断提升、形势愈加复杂的现状，如何做好变电站网络和信息安全、切实落实网络和信息安全防范措施变得尤为重要。

11.2 社会工程学入侵

社会工程学入侵早已不是什么新鲜而高深的概念，它是一种利用人的本能反应、好奇心、信任、贪便宜等人性弱点，进行欺骗、伤害等危害手段以获取利益的手段。

社会工程学入侵在我们身边随处可见、随时都有。比如，江湖中所谓的神仙、大师，还有社会上的传销和金融诈骗，都是社会工程学的灵活运用。

社会工程学入侵简直就是骗子的高级进阶篇，或者说就是欺骗的艺术。

1. 社会工程学入侵是怎样得逞的

没有网络安全就没有国家安全，而"人"是网络安全体系中最关键也是最薄弱的环节。如今在网络安全领域，利用社会工程学入侵手段突破信息安全防御措施，已呈现出泛滥的趋势。虽然技术含量不是特别高，但"骗子"往往容易得逞。

通过对大量实际案例的分析发现，社会工程学入侵的套路大致是这样的：

（1）第一步：目标确认。利用人性的弱点找到人群中容易上当的你，过分信任他人、同情心泛滥、好奇心爆棚、贪图小利等，这些都是容易被恶意利用的性格特点。防范意识较弱的中老年人、天真无邪的少年是最容易被锁定的目标。

（2）第二步：信息收集。在信息技术发达的今天，收集目标人员的相关信息变得越来越容易。未经销毁的票据存根、随处丢弃的快递包裹、网上注册的各种账号、论坛发表的各种言论、朋友圈共享的各种图片，都会导致个人信息泄露。

（3）第三步：信任建立。利用各种伪装和欺骗技术假装我是你口中的那个你。各种网上即时通信软件、直播平台、交友软件为人与人之间交流提供方便同时也带来危害，美颜软件、声音处理让攻击者隐藏了自己，变成了你以为的那个他。

（4）第四步：陷阱设置。坑蒙拐骗，无所不用其极，只为了能够套住你。利用各种信息网络技术，采用钓鱼网站、钓鱼短信、诈骗电话、仿冒热点等方式，全方位、多角度进行陷阱设置，让人防不胜防。

（5）第五步：利益获取。通过设置的各种陷阱，攻击者往往获取一笔是一笔。通过后台流量分析获得用户账号密码，进一步挖掘得到个人或公司秘密，直接获取受骗者的现金财务等。巨大的利益诱惑让攻击者不断铤而走险，最终自毁前程。

2. 面对网络安全威胁，电网员工如何应对

电网安全是社会和谐稳定、经济正常运转的基础保障，而网络安全是电网安全的重要组成部分。

为了让网络安全坚不可摧，作为电网员工，必须严格遵守公司网络安全规章制度，牢固树立风险防范意识和责任意识。

具体而言，你必须掌握并严格执行"反社会工程学"的清规戒律：

（1）社会工程学入侵防护十要素。

1）物理入侵：要落实对公司人员出入的管理，不要让陌生人员靠近办公区域。

2）信息泄露：要强化对敏感信息的保护意识，不要泄露个人或公司敏感信息。

3）诈骗电话：要提高对未知来电的防范意识，不要轻信未知来电的任何话语。

4）公共热点：要查证公共热点来源的可靠性，不要轻易连接未知的无线网络。

5）共享资源：要把握共享资源的方式和范围，不要造成敏感信息的扩散泄露。

6）环境渗透：要规避周围环境中的敏感信息，不要给攻击者获取信息的机会。

7）钓鱼邮件：要开启对邮件信息的认证过滤，不要点击任何未经确认的邮件。

8）钓鱼网站：要加强对网站真实可靠的确认，不要轻易输入自身的账号密码。

9）钓鱼U盘：要保持对未知存储介质的警惕，不要轻易读取未知U盘的数据。

10）总体防护：要提高自我信息安全防范意识，不要给攻击者一丝的可乘之机。

（2）网络安全十不准。

1）不准明文存储任何主机、终端、应用等账户口令。

2）不准私自开通互联网出口。

3）不准违规接入信息系统和设备。

4）不准使用外来U盘，不准打开不明邮件。

5）不准安装不明软件。

6）不准开放高危端口（临时使用也不允许）。

7）不准使用公司内外网搭建无线热点。

8）不准明文传输公司敏感信息，不得将公司敏感数据带离公司办公场所。

9）不准远程连接（维护）公司主机、终端、应用系统。

10）不准交叉混用内外网办公终端，公司设备不准接入第三方网络。

正所谓道高一尺，魔高一丈。如今，铺天盖地的钓鱼短信、邮件和网站以及个人信息泄露事件充分说明，社会工程学入侵早已渗透到我们的工作和生活等社会活动方方面面。

没有网络安全就没有国家安全和企业安全，更没有个人的隐私安全。防范社会工程学入侵，维护网络安全，除了采取不随意泄露个人信息、不轻易点开陌生链接、不随意连接网络热点等措施之外，更重要的是要树立高度的风险防范意识，管好自己的人性弱点：好奇之心、贪财之心、同情之心。

11.3　变电站网络和信息安全管理要求

变电站网络和信息安全管理应严控网络与信息安全风险隐患，进一步强化网络安全的法律意识，提升网络与信息安全管理水平。

在工作目标上，实现"四严格、三杜绝、一确保"工作目标：严格落实网络安全法律责任，严格落实等级保护制度，严格落实本质安全要求，严格防范网络和信息安全事件，杜绝公司业务数据和客户信息泄漏，杜绝网络（系统）和业务应用被篡改，杜绝信息系统网络被侵入，确保公司网络与信息安全。

在具体工作上，应坚持"安全第一、预防为主、综合治理"的方针和"管业务必须管安全"的原则，深入开展网络与信息安全隐患排查，进一步落实运维人员网络与信息安全责任；坚持"人防与技防并重、外防与内控并重"的原则，从管理措施和技术措施两方面入手，进一步强化网络与信息安全防护的针对性和实效性。

11.3.1　强化管控措施落实，提升人防和技防水平

1. 加强变电站外来人员的信息安全教育

在外来人员进入变电站工作前，结合常规的安全教育进行信息安全教育提醒，涉及网络与信息工作的外来人员还应按照要求签订网络安全责任书。同时运维人员要加强施工作业过程中的安全监护，严格落实信息安全防护措施，外来人员的U盘、手机、笔记本等信息设备严禁接入公司内网。

2. 加强合作单位的网络与信息安全管理

部门与曾经合作过的研发单位、服务提供商联系，督促其严格按照服务合同及相关保密协议，按照协议要求做好网络安全工作，未经国家电网有限公司或其内部单位许可不得随意使用国家电网有限公司的 logo、名称（含类似名称）、数据等。不得私自将含有国家电网有限公司 logo、"国网电力""国网供电"等内容或业务数据的任何系统挂外网运行。同时，在后续工作中，对部门涉外合作项目，均须与合作单位签署保密协议，并按照上述要求执行。

3. 加强大型作业现场网络与信息安全管理

大修、技改、基建等大型作业现场，人员杂乱，安全意识水平参差不一，并且工作任务繁重，持续作业时间长，容易产生麻痹大意、顾此失彼的情况。按照"管业务必须管安全"的原则，将网络与信息安全纳入工作负责人、现场驻点管控人员、安全稽查人员工作的管控要点。

4. 加强节假日、重大活动期间的网络与信息安全管理

节假日、重大活动期间发生的网络与信息安全问题会产生放大效应，对内对外容易造成恶劣影响。对此，在节假日、重大活动保供电期间，保持对各类网络与信息安全风险隐患的高度敏感性和警惕性，把网络与信息安全风险隐患纳入值班员特巡工作内容。

5. 加强网络空间安全管理

（1）加强微信群和 QQ 群管理。群组内成员要增强安全意识和自律意识，群主要加强监督管理，严禁传播危害国家安全、诽谤他人、危害公共秩序等言论和话题以及企业涉密资料。

（2）严禁将涉及企业内部工作信息的资料（方案、通知文件、信息报表、变电站接线图等）上传至互联网上的各类文库、论坛和知识共享平台。

（3）严禁在互联网空间发表、转发或评论不利于国家、社会和企业形象的相关言论或涉及企业、国家秘密的信息。不参与、不支持可能引发不良影响的网络评论。

6. 杜绝弱口令、空口令及弱口令账户

（1）办公计算机登录账户、企业门户系统、FTP 等各类系统和设备的登录密码要求为：数字＋字母＋特殊符号、长度 8 位及以上，且没有明显规律，三者必须同时满足，杜绝空口令和弱口令，同时禁止随意泄露系统和设备的登录密码。

（2）对于办公计算机，建议只设置管理员账户，禁用 Guest 账户。

7. 加强桌面设备注册认证与软件安装管理

（1）内外网计算机入网前必须进行认证，杜绝未认证信息设备接入公司网络并访问网络资源，杜绝任何入网信息设备未经准入措施接入公司网络。

（2）计算机、笔记本、打印机等信息设备接入内网前需进行注册登记，并提交申请单。投产用计算机需提前三天申请。

（3）在信息内外网中，严禁私自卸载公司要求安装的防病毒软件与桌面管控软件，严禁开启共享目录，严禁安装来历不明、未经安全认证的软件。部门和班组信息员应对办公计算机防病毒软件的升级、操作系统补丁更新情况等进行常规性检查。同时，尽量减少非正版软件的安装使用。

8. 杜绝违规外联

（1）内外网计算机、生产辅控系统均需按要求张贴信息安全警示标签。

（2）严禁终端设备在信息内网和信息外网交叉使用。严禁利用无线上网卡、带上网功能的第三方设备等方式将内网终端联入互联网，出现办公计算机违规外联行为。

（3）严禁使用未备案的互联网出口（非公司统一互联网出口）进行互联网访问，确保互联网出口唯一性。

（4）公司注册外网设备严禁接入无线 WiFi，或通过无线网卡和无线路由等共享公司外网。

（5）对各班组下属无人站内网办公电脑的多余 USB 接口，为杜绝违规外联事件发生，要求在 BIOS 中逐一关闭 USB 读取功能。

（6）对在变电站工作的非变电运维室的公司内部人员，如检修试验、基建人员等，要求自带办公笔记本电脑，禁止使用站属办公电脑。

（7）对进行"五防"技改、锁控系统安装和机器人组网等工作的外协厂家人员，在安装、调试和维护过程中，应使用专用笔记本电脑和移动存储介质，杜绝外来人员笔记本电脑和移动存储介质接入公司内网。

（8）对拷贝故障录波器文件，各班组配备专用 U 盘，并要求做好标签，做到专盘专用。

9. 杜绝外网敏感邮件

通过互联网邮箱、QQ、微信等收发文件，应先通过软件压缩并加密，邮件内容、标题及附件名称等杜绝出现敏感词，加密密码应另行通过电话、短信等形式告知对方。

10. 杜绝重要数据和个人信息泄露

（1）对待报废或无法使用的笔记本、台式机、硬盘、U 盘等信息设备和存储介质，应按照要求交给部门信息管理人员，格式化后再予以报废处理或修复。

（2）内部使用的笔记本、台式机、硬盘、U 盘等信息设备和存储介质，应避免交由涉外单位和个人使用或修理。

（3）杜绝擅自变更内外网信息设备的使用场所，如需变更，需履行必要的申请手续。

11. 加强变电运检移动作业终端管理和使用

管理人员加强对变电运检智能手机、PDA等移动终端的管理和监督，班组人员要加强保管使用，禁止打开蓝牙、WiFi共享功能，禁止带离工作场所或挪作他用。

12. 加强机器人专网和内网网站管理

(1) 对机器人专网、内网网站等系统设备做好基础台账整理归档，包括网络架构、网络类型、网络规范等内容。

(2) 加强机器人专网、内网网站等系统设备的技术监督，相关服务器入网前应进行安全检测并备案，及时排查整改系统和设备的弱口令、空口令问题。

(3) 在重大保供电、护网行动等关键时段，按照上级要求及时关闭网络。

(4) 机器人站内WiFi网络应按照规范要求进行加密，严禁将外网移动终端和带有病毒的移动终端接入机器人专网。

11.3.2 强化信息台账动态管理，提升基础资料管理水平

(1) 部门和班组信息员要以现场实物为基础，及时做好动态信息设备台账登记，确保账卡物一致。信息设备台账内容应包括设备名称、序列号、IP地址、领用时间、使用人等关键信息。

(2) 各班组和人员在领取信息设备时，应主动做好领取信息登记；人员在调离本部门时，应主动做好信息设备的交接，信息员及时做好信息设备台账变更登记。

(3) 部门和班组信息员根据要求做好台式机和二维码标签的张贴和动态更新。

11.3.3 强化隐患排查和安全稽查，加强责任追究和考核

(1) 部门和班组定期常态化开展隐患排查，全面检查并消除设备存在的木马、漏洞、后门、弱口令、软硬件异常等问题，以及存在的火灾、易违规外联等风险隐患。

(2) 将网络与信息安全问题隐患列入安全稽查内容，利用部门交叉检查、飞行检查、专项巡查、到岗到位检查等稽查工作时机，对各班组网络与信息安全管控落实情况进行检查，并加强"回头看"，确保整改措施做细做实。

(3) 对上级下发的各类风险预警单，部门和班组信息员及时做好排查补强并反馈。

(4) 对检查发现的整改措施未落实、不及时等问题，按照规定列入考核。对重复性违规和严重违规，从严从重考核。